시크릿 사이언스

시크릿 사이언스

SECRET
시크릿 사이언스
박철진 지음
YANG 야문 MOON

미스터리를 통해
재미있는 과학을 읽는다

"이미 알고 있는 것조차 끊임없이 의심하라!"

과학은 논리적이고 체계적인 학문이다. 그러나 결코 그 자체로 완전무결한 존재는 아니다. 멀리는 천동설과 지동설, 가깝게는 선풍기 질식사 논란에 이르기까지 과학적 사실은 언제든 바뀔 여지가 있다. 물질의 기본 입자만 해도 원자에서 전자로, 다시 쿼크와 렙톤으로 변경됐다.

그렇다. 오랜 관찰과 실험으로부터 도출된 여러 이론들은 분명 과학의 값진 '결과'지만 그와 동시에 진실을 향해 한 발짝 더 가까이 다가가는 '과정'이기도 하다. 어찌 보면 과학의 진정한 발전은 바로 이러한 과정 안에서 이뤄진다고 할 수 있다. 그리고 과학이 도달하지 못한 미지의 세계에 대한 의구심은 그 과정을 이끄는 핵심 중추다. 스마트폰, 무인전투기, 유전자 조작, 줄기세포 치료 등 지난 몇 세기 동안 이룬 과학기술의 눈부신 발전은 알고 보면 끊임없는 의심과 도전의 역사이기도 한 것이다.

이러한 점에서 목격자와 체험자는 있지만 실제 여부가 객관적·과학적으로 검증되지 않은 기묘한 일, 이른바 미스터리는 과학의 골칫덩이 도전 과제다. 장기를 이식받은 사람에게 기증자의 습성이 전이되는 셀룰러 메모리, 갑자기 몸이 잿더미가 되어버리는 인체자연발화, 독심술·텔레파시·염력·예지력·유체이탈 같은 심령현상들, 그리고 어느 날 갑자기 가족이나 친구가 순식간에 사라지는 베니싱 같은 신비한 현상들에 대해 과학은 아직 이렇다 할 답을 제시하지 못하고 있다.

과학이 지배하는 세상을 살아가면서 우리는 흔히 이런 미지의 현상을 '비과학적'이라는 단어 하나로 일축해버린다. 딱히 설명할 방법은 없지만 과학적으로 말도 안 되기 때문에 근거 없는 루머나 착각일 뿐이라고 단정한다. 하지만 이는 사람들을 납득시키기도 힘들뿐더러 올바른 과학적 자세도 아니다. 과학은 비과학의 근거를 명확히 제시해야함은 물론 비과학을 대체할 합리적인 답을 내려줘야 한다. 그것이 진실을 지향하는 과학의 역할이며 의무다. 게다가 앞서 말한 대로 미스터리를 대상으로 한 의문 제기와 탐구는 과학의 발전을 위해서도 바람직하다.

다행히 세상에는 미스터리의 실체를 과학적으로 규명하려는 시도들이 끊임없이 이어지고 있다. 각각의 현상들을 과학의 틀 안에서 해석하기 위해 갖은 노력을 기울이고 있는 과학자들도 적지 않다. 인류의 오랜 역사가 증명하듯 이렇게 조금씩 우직하게 나아가다 보면 언젠가 진실의 곁에 서 있는 우리의 모습을 발견하게 될 것이다. 그 순간이 도래하기 전까지 과학에게 미스터리들은 극심한 편두통을 유발한 문제적 존재로 남아 있을 테지만 말이다.

《시크릿 사이언스》는 우리가 궁금해 하는 각종 미스터리한 현상들을 놓고 펼쳐지는 신비주의자, 음모론자, 과학자들의 치열한 진실공방을 다루고 있다. 오감을 자극하는 기이하고 흥미로운 주제들을 뽑아 세간에 알려진 체험담과 떠도는 이야기들, 그리고 과학자들의 해석과 연구 논문들을 두루 소개하면서 미스터리를 바라보는 합리적이고 객관적인 시각을 보여주려고 했다.

책장을 넘기는 동안 모든 독자들이 미스터리 과학의 세상 속에 흠뻑 빠져들어서 고리타분하고 난해한 과학이 아닌 흥미롭고 재미있는 과학의 진미를 만끽할 수 있기를 희망한다.

2012년 10월 30일

박 철 진

contents

미국 라스베이거스 북동부의 황량한 사막에 위치한 51구역. 위도 51도에 위치해 있어서 통상 51구역이라 불리는 이 지역의 정식 명칭은 '넬리스 공군 기지Nellis Air Force Base'로, 군사지역인지라 미국 연방법에 의해 보호를 받고 있으며 일반인의 출입은 철저히 통제된다. 51구역은 1950년대부터 U-2 정찰기, F-117 공격기, B-2 폭격기 등 첨단 항공기의 실험장 역할을 해왔다. 미군의 대단위 비행 전투 훈련에도 이용되는데, 기지의 면적이 자그마치 서울의 두 배에 육박한다.

오늘날 51구역이 세계적인 유명세를 타게 된 것은 조금은 엉뚱한 이유에서다. 다름 아닌 외계인 관련설 때문인데, 음모론자들은 이곳이 단순한 군 작전 지역이 아니라 〈인디펜던스데이〉나 〈X파일〉 같은 공상과학물에 나오는 외계인 연구 시설이라고 오랫동안 주장해 왔다. 첨단 무기나 항공기의 개발을 넘어 UFO와 외계인에 관한 연구를 진행하고 있다는 것이다.

이 같은 음모론이 촉발된 것은 군사시설임을 감안해도 경비가 지나치게 삼엄하다는 점, 미국 정부가 작성한 지도에는 이곳이 표기되어 있지 않다는 점, 구글 위성사진으로 볼 때 기묘한 구조물이 발견된다는 점, 그리고 주변에서 자주 정체불명의 발광 물체가 출몰하거나 의문의 굉음이 울린다는 점 등이 작용했다. 또한 이에 대한 미국 정부의 석연치 않은 해명도 음모론의 덩치를 부풀리는 데 크게 기여했다. 이런 일련의 상황을 통해 오늘날 51구역은 지구상에서 가장 비밀스런 장소로 여겨진다.

한 물리학자의 폭로

●

51구역에 대한 의혹이 수면 위로 떠오른 계기는 1989년, 51구역 내 연구소에서 근무했다는 물리학자의 양심고백(?)이었다. 밥 라자르**Bob Lazar**라는 이름의 의문투성이 남성은 그해 7월 라스베이거스의 카라스**KALAS** TV가 방영한 〈UFO: 그 최고의 증거〉라는 프로그램에 등장했다. 그는 미국 사립 명문인 캘리포니아공대와 MIT에서 물리학 박사학위를 받은 후 1982년부터 51구역 내의 S-4 시설에서 근무했다고 자신을 소개했다. 그리고는 자신이 알고 있는 51구역의 충격적 실체를 털어놓았다.

그에 따르면 51구역은 음모론자들의 추측처럼 군 작전 지역으로 위장돼 있을 뿐 실상은 미국 정부가 협상을 통해 외계인에게 빌려준 지역이다. 그리고 미국 정부는 그곳에서 인간을 이용한 외계인들의 각종 실험을 묵인하는 대가로 외계인들이 보유한 첨단기술을 전수받고 있다는 것

⤺… 인공위성으로 촬영한 51구역의 모습

이다. 2003년 국내 한 출판사에서 펴낸 《외계인 루머와 진실》이라는 책에도 당시 라자르의 증언이 자세히 기술돼 있다.

"저는 S-4 시설에서 일하는 동안 총 아홉 대의 UFO를 목격했습니다. 정부가 포획한 그 UFO들을 분해해 동력원을 밝혀내는 것이 제 임무였죠. 미군은 이렇게 복구한 UFO를 시험 비행하기도 했습니다."

라자르는 자신이 시험했던 물체가 실제 UFO라고 확신했다. 지구상의 항공기에서는 결코 찾아볼 수 없는 기이한 특징을 지니고 있다는 이유에서였다.

"하부에서 푸른빛이 뿜어져 나오며 '쉬쉬' 하는 소리를 냅니다. 조용히 땅에서 떠올라 6~9미터 정도의 고도에 머물죠. 그 비행체에는 제트엔진 같은 작용-반작용 시스템도, 프로펠러도 없었어요. 배기가스도 배출되지 않았고, 소음도 나지 않았습니다."

라자르는 이것 외에 또 한 가지 흥미로운 사실(?)을 공개했다. UFO의 동력을 규명하는 도중에 원소주기율표 상의 희귀원소를 접했다는 것이다. 그것은 다름 아닌 115번 원소인 우눈펜튬Ununpentium, Uup이었다. 그는 이것이 UFO의 연료라고 주장했는데, 사실 우눈펜튬은 아직 학계에서 공인되지 않은 원소로 이름만 붙여진 상태다.

"우눈펜튬은 지구에서 만들 수 없습니다. 그렇게 무거운 원소를 지구에서 합성하는 것은 불가능해요. 그런 물질은 질량이 아주 큰 원소가 자연적으로 생성될 수 있는 곳에서 온 것이라 생각합니다. 정부는 200킬로그램 가량의 우눈펜튬을 보유하고 있는데, 납으로 된 용기에 저장돼 있습니다."

라자르는 그간 음모론자들이 줄곧 의심의 눈초리를 보였던 부분에 대해서도 스스럼없이 답했다. 51구역은 외계인들의 기술 전수나 UFO의 동력 연구뿐만 아니라 외계인의 사체를 직접 보관하며 각종 실험을 하고 있다는 증언이었다. 그는 51구역에서 외계인 관련 보고서를 읽었고, 시설 안에 외계인이 존재하고 있음을 확신하게 됐다고 했다. 그리고 추락 사고로 목숨을 잃은 외계인들의 사체가 기지의 수십 미터 지하에 마련된 시험관 속에 보존돼 있다고 전했다.

51구역에서 근무했다고 주장하던 밥 라자르는 그곳에서 외계인들의 기술 전수가 이뤄지고 UFO의 동력 등을 연구하고 있다고 증언했다.

로스웰 미스터리

여기서 그가 언급한 추락 사고는 그 유명한 '로스웰 사건'을 의미한다. 1947년 미국 뉴멕시코 주의 시골 마을 로스웰에 UFO로 추정되는 괴 비행체가 추락했지만 미국 정부는 이를 끝내 비밀에 부쳤다. 사건 직후 미 육군은 추락한 UFO의 잔해와 외계인의 시신을 수습했다고 공식 발표했다. 이는 즉각 전파를 타고 미국 전역으로 퍼져나갔다. 그러나 몇 시간도 지나지 않아 51구역의 공군이 앞선 발표를 깡그리 뒤집었다. UFO가 아닌 기상관측용 기구의 잔해라고 정정한 것이다.

하지만 비행체 추락을 목격했다는 사람들의 증언이 이어지면서 논란은 일파만파 확산됐다. 《외계인 루머와 진실》에는 당시 로스웰의 주민이었던 제럴드 안데르센의 일화가 나와 있다. 당시 다섯 살이었던 그는 사건이 일어난 지 43년이 지나서야 최면을 통해 UFO에 탑승하고 있던 외계인을 직접 만났다고 입을 열었다.

"모두 네 명이었어요. 둘은 이미 죽었고, 하나는 죽어가고 있었죠. 나머지 하나는 많이 다친 것 같지 않았어요. 키가 120센티미터 정도 됐는데, 몸에 비해 머리가 상당히 크고 눈은 검은 아몬드 모양이었어요. 저는 그들을 실제로 보았고, 심지어 만져보기도 했어요. 아버지와 형, 그리고 동네 사람들이 모두 함께 목격했죠. 그에 대해 아무런 얘기도 하지 않고 지냈지만 말이에요."

이밖에도 사건에 직접 관여했다는 다수의 정치인과 기자, 과학자, 군인 등이 정부가 사건을 의도적으로 은폐했다고 주장하며 논쟁을 이어갔다. 그러자 1995년 7월 미 공군은 의혹을 잠재우기 위해 로스웰 사건에 관한 보고서를 발표했다. 보고서는 추락한 비행체가 대기권 감시를 통해 구소련의 핵실험 증거를 포착하는 '모굴 프로젝트'의 군용 기구였다고 밝혔다. 1947년 6월 띄워진 이 기구는 그달 중순 로스웰 인근에서 실종되기까지 레이더로 위치가 추적됐고 추적기록이 남아 있기 때문에 정부

115번 원소 우눈펜튬

현재 학계에서는 국제순수·응용화학연합(IUPAC)에서 고안한 장주기형 주기율표를 사용하는데, 여기에는 총 118개의 원소가 18족으로 분류돼 있다. 각 원소들의 번호는 원자핵에 들어 있는 양성자의 수를 의미한다. 1940년까지 가장 무거운 원소는 92번 우라늄(U)이었다. 우라늄은 자연계에서 발견되는 가장 무거운 원소이기도 하다. 하지만 현재는 우라늄보다 더 무거운 원소들이 나타나면서 원소들의 숫자는 118번까지 나가 있다. 재미있는 사실은 IUPAC가 공인하는 원소는 112번 코페르니슘(Cn)까지라는 것이다. 수소보다 227배나 무거운 코페르니슘은 지난 2010년 가장 무거운 원소로 IUPAC의 공식 승인을 받았다. IUPAC는 새로 발견된 원소에 대해 그 정체가 정확히 확인되기 전까지 임시 이름을 부여하고 있는데, 113번부터 118번은 여기에 속한다.

한편 우라늄 이후의 원소들은 모두 방사성 인공 동위원소이기 때문에 자연계에는 거의 존재하지 않는다. 입자를 충돌시켜 인위적으로 만든 이 원소들은 생성과 동시에 붕괴가 이뤄지며 생성시키는 것 자체도 무척 어렵다. UFO의 동력원이라는 설이 있는 115번 우눈펜튬(Uup)의 경우 2004년 미국과 러시아 합동연구팀이 95번 아메리슘(Am)에 20번 칼슘(Ca)을 충돌시켜 생성시키는 데 성공했다.

가 은폐하고 있다는 주장은 터무니없다는 게 공군의 입장이었다.

그럼에도 불구하고 논란은 여전히 사그라지지 않았다. 2012년 7월에는 전직 미국 중앙정보국CIA 요원 체이스 브랜든Chase Brandon이 언론을 통해 로스웰 사건이 사실이라고 밝혔고, 로스웰에서 근무했던 퇴역 공군 리처드 프렌치Richard French 또한 로스웰에서 두 번의 UFO 충돌이 있었다고 진술했다.

이를 보면 로스웰 사건이 음모론이나 단순한 오해에 의해 비롯된 것이라고 치부하기에는 꺼림칙한 뒷맛이 남는다. 어쩌면 실제로 그곳에 UFO와 외계인이 출현했고, 사고의 잔해가 고스란히 51구역으로 옮겨져 실험 대상이 되고 있을지도 모를 일 아닌가.

반(反)음모론, 그리고 비밀 프로젝트

●

물론 51구역에 얽힌 음모론적 스토리를 믿지 않는 사람들도 적지 않다. 이들은 51구역과 외계인은 오컬트 마니아들이 지어내고 부풀린 뚱딴지 같은 얘기일 뿐이라고 일축한다. 그도 그럴 것이 우선 51구역에 대한 논란을 최초로 촉발시킨 라자르라는 사람의 신뢰성에 심각한 문제가 있었기 때문이다.

당초 그는 캘리포니아공대와 MIT 박사 출신이라 밝혔지만 두 학교 어디에도 그의 기록은 존재하지 않았다. 이에 대해 라자르는 정부가 자신의 신분 증명을 말소했기 때문이라고 주장했는데 이미 발행된 논문 목록과 개인이 소장한 졸업앨범에서조차 이름과 모습을 전혀 찾을 수 없었다는 점에서 신빙성이 떨어졌다. 결국 그는 LA의 한 2년제 전문대학 출신임이 밝혀졌다.

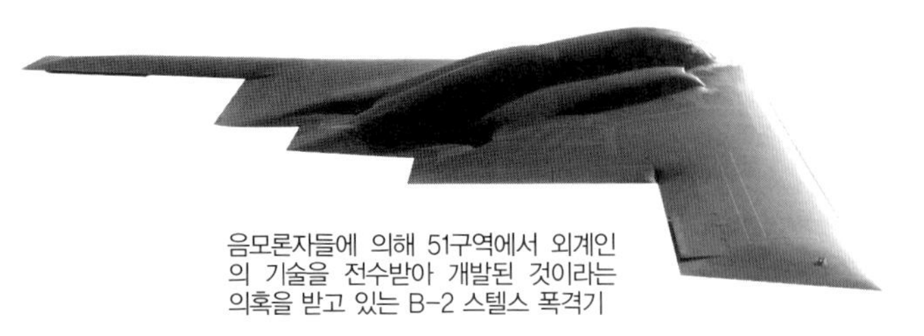

음모론자들에 의해 51구역에서 외계인의 기술을 전수받아 개발된 것이라는 의혹을 받고 있는 B-2 스텔스 폭격기

또한 라자르가 언급한 우눈펜튬에 대한 그럴듯한 설명이나 각종 과학 이론들도 주류 물리학자들로부터 물리학 개념에 대한 근본적 이해가 부족하다는 평가를 받았다. 한 물리학자는 "51구역에서 UFO 연구가 이루어질 가능성보다 라자르가 물리학자일 가능성이 더 낮다."는 가시 돋친 말을 남기기도 했다. 지금 당장 우눈펜튬이 UFO의 연료라는 라자르의 주장을 틀렸다고 말할 수는 없지만 실체가 명확히 드러나지 않은 원소는 우눈펜튬만이 아니다. UFO의 연료로 거론될 미지의 후보가 하나둘이 아닌 셈이다.

그렇다면 과연 51구역의 정체는 무엇이란 말인가. 각종 의혹을 멈추기 위해선 이에 대한 의문이 해소돼야 한다. 기본적으로 아무도 모르게 극비로 수행해야 할 만큼 미 정부 혹은 미 공군에 있어 비중 있는 일인 것만은 분명하다. 매일 출퇴근 시간마다 전세기가 51구역과 인근 공항 200킬로미터를 오가며 직원들을 실어 나르고 있는 것만 봐도 확실하다.

외계인의 존재를 인정하지 않는 회의론자들은 이 모든 것이 단지 무기나 항공기 개발, 즉 비밀 군사 프로젝트를 위해 수반돼야 할 필수적 과정일 뿐이라고 주장한다. 그들은 1950년대에 그 누구도 가능하다고 생각지 못했던 엄청난 비행고도와 비행거리를 지닌 U-2 정찰기 등이 모두 일련의 비밀스런 과정 속에서 탄생했다는 것이 그 방증이라 말한다. 일리 있는 말임에는 틀림없다. 정부 주도의 군사 프로젝트를 일반인들에게 시시콜콜 공개할 수는 없는 노릇이다. 국가 안보를 좌우할 수도 있는 중대한 기술을 보호하기 위해서라도 극비 보안은 불가피한 선택이다. 지난 사례들만 봐도 최첨단 항공기 등 군사 프로젝트의 대부분은 거의 완성단계에 이르러서야 모습을 드러냈다. F-117 스텔스 전폭기, 일명 나이트호크도 베일에 가려져 있다가 이라크 전쟁 중에야 첫선을 보였다.

만일 이게 51구역의 진실이라면 다소 기운이 빠질 수도 있을 것이다. 하지만 현재 51구역이라는 비밀의 세계에서 우리를 놀라게 할 또 어떤 혁신적 프로젝트가 진행되고 있을지, 그리고 그것이 군사기술, 아니 인류의 과학기술 발전에 어떤 기여를 하게 될지를 생각해보면 외계인 급은 아니더라도 처져 있는 어깨를 올리기에는 충분하지 않을까.

이아페투스는 외계인이 만들어놓은 비밀기지

토성은 태양계의 여러 행성 중 가장 특이한 모습을 지니고 있다. 특히 토성을 둘러싸고 있는 고리는 항상 신비의 대상이어서 천문학자들은 그 고리의 구성물질이 무엇인지 탐구해왔다. 하지만 토성에는 이보다 더 신비로운 비밀이 있다. 바로 토성의 세번째 위성인 '이아페투스Iapetus' 다. 이아페투스의 가장 큰 특징은 위성의 절반은 마치 얼음이나 눈으로 뒤덮인 듯 하얗게 빛나는 반면 나머지 반쪽은 검은 콘크리트나 타고 남은 재에 뒤덮인 듯 전혀 빛을 반사하지 않는다는 것이다. 그리고 또 다른 비밀은 이 위성이 마치 호두와 같은 모습을 지니고 있다는 점이다. 이아페투스는 마치 두 개의 반구를 접합시켜놓은 것처럼 적도 부분에 넓이 20킬로미터, 높이 15킬로미터의 산맥이 테두리처럼 둘러져 있다. 이 때문에 음모론자들은 이아페투스가 외계인 기지라고 주장하고 있다. 이 위성의 한쪽이 어두운 것도 시설물이나 구조물을 가리기 위해 스텔스 기능을 활용했기 때문이라는 것이다.

죽음의 별과 유사한 이아페투스

●

이아페투스가 현재 인류가 발견한 수많은 위성 중 가장 특별한 모습을 지니고 있는 것만은 분명하다. 이 신비스러운 위성에 대한 연구는 초보적인 수준에 불과하지만 지난 1997년 10월 15일 미국항공우주국NASA과 유럽우주기구ESA가 함께 발사한 토성 및 목성 탐사선 카시니-호이겐스호에 의해 그 비밀이 조금씩 풀리고 있다. 카시니-호이겐스호는 분리형 탐사선으로 목성의 위성들을 탐사했는데, 2004년에는 유럽우주기구가 제작한 호이겐스 프로브를 목성의 타이탄 위성에 착륙시켰다. 이후 분리된 카시니호는 현재까지 토성 탐사를 수행하고 있으며, 2007년 9월 10일에는 신비로운 위성인 이아페투스를 촬영해 지구로 전송했다.

카시니호가 이아페투스로부터 약 8만3000킬로미터 떨어진 거리에서

두 개의 반구를
접합시켜놓은 것처럼 적도 부분에
산맥 같은 테두리가 둘러져 있는
이아페투스

촬영한 이 영상은 지금까지 가장 근접 촬영한 이아페투스의 모습이다. 이 사진에도 호두처럼 연결된 산맥부분이 그대로 드러나 이 위성의 겉모습이 평범하지 않다는 것을 확인시켜주었다. 특히 이아페투스에 대한 지식이 부족하기 때문인지 음모론자들은 서슴없이 이 위성이 외계 생명체가 만들어놓은 기지 또는 인공물이라는 주장을 제기하고 있다. 외관상으로 이아페투스는 SF영화 〈스타워즈〉 시리즈에 여러 차례 등장했던 행성 공격 무기인 '죽음의 별'과 유사한 느낌을 준다. 물론 영화에서처럼 기계 구조물이 표면을 덮지는 않았지만 자연물에 가깝게 위장되고 있다면 꽤 설득력을 갖게 된다.

음모론자들은 기존의 천체 지식으로 설명하기 어려운 이 위성에 대해 다음과 같이 주장하고 있다. 어두운 부분은 표면의 시설물이나 구조물을 가리기 위한 스텔스 기능으로 인해 보이지 않는 것이며, 호두의 접합부와 같은 산맥은 반구형 인공물을 붙이기 위해 사용됐다는 것이다.

의문에 반박하지 못하는 천문학자들

●

천문학자들도 현재로서는 이 위성에 대한 탐사 정보가 너무 빈약해 음모론자들의 주장을 근거 없는 헛소리라고 반박하기 어려운 실정이다. 천문학자들은 인류가 우주에 대해 단 2퍼센트 정도의 정보만을 가지고 있을 뿐 나머지 98퍼센트는 무지 상태에 가깝다고 추정하고 있다. 이 같은 정보 부족과 무지는 음모론과 결합해 새로운 음모론의 싹을 틔우게 한다. 그러다보니 너무나 낯선 위성인 이아페투스가 일반인들로 하여금 '혹시나?' 하는 의문을 갖게 하는 것도 무리는 아니다.

음모론자들은 이 같은 빈틈을 더욱 더 파고든다. 물론 그들 역시 이 위

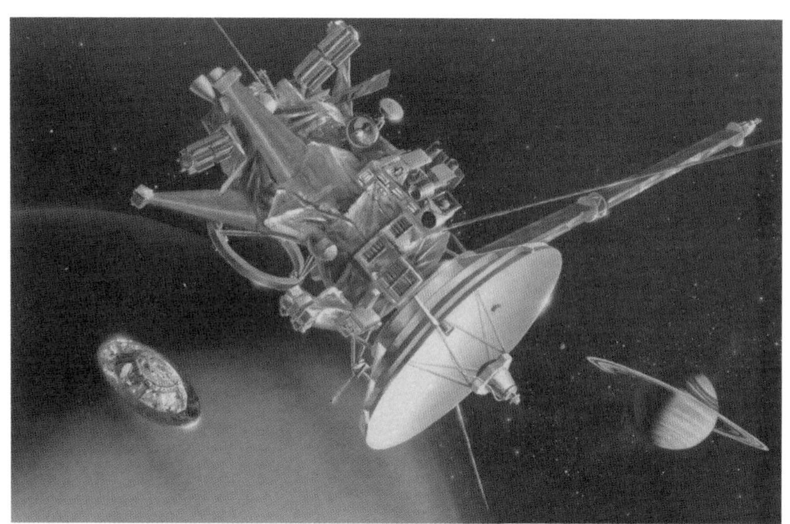

목성 탐사선 카시니-호이겐스호

성에 대한 정보가 부족한 상태이므로 외관상 의심이 되고, 태양계에서 보기 힘든 낯선 모습을 하고 있다는 것 외에는 특별하게 두드러진 증거를 제시하지 못하고 있는 상황이다.

토성의 세번째 위성인 이아페투스는 1671년 이탈리아 출신의 프랑스 천문학자 장 도미니크 카시니Jean Dominique Cassini에 의해 발견됐다. 지름이 1460킬로미터로 토성의 중심에서 356만1300킬로미터 떨어져 있으며 호두 형태의 둥근 모양인 이아페투스는 얼음과 암석으로 구성되어 있을 것으로 추정된다. 카시니가 처음 발견했을 때 토성의 오른쪽에서는 보였지만 왼쪽에서는 관측되지 않았기 때문에 위치에 따라 밝기가 변하는 위성이라는 등 많은 의문을 남겼다.

현재까지 탐사 결과로는 자전주기와 공전주기가 일치해 한쪽 면만을 보여주는 지구의 달처럼, 밝은 흰색 부분이 보일 때는 관측이 이뤄지고 반대쪽의 어두운 부분이 지구를 향할 때는 관측이 어렵다는 것을 알아낸 상태다. 즉 위성 자체의 밝기가 변하는 것이 아니라 보이는 방향에 따라 밝기가 변하는 것처럼 보일 뿐이며, 밝은 쪽이 다섯 배나 더 밝게 보인다는 것이다.

달과 연계된 새로운 음모론

●

이아페투스에 대한 음모론이 지구의 위성인 달과 연계되면서 또 다른 차원의 음모론을 낳고 있다. 현재 달은 인공 구조물이거나 외계인 기지라는 음모론이 제기되고 있는 상태인데, 새로운 음모론은 현재의 과학으로는 상상하기 어려울 정도의 과학기술을 보유한 외계 생명체들이 태양계의 각 행성마다 거대한 기지 또는 감시시설을 설치해 뒀다는 것이다. 즉 지구의 과학 수준에서 상상할 수 있는 인공위성 형태가 아니라 행성에 부속된 천연의 위성처럼 감쪽같이 위장된 거대 감시시설이라는 얘기다.

행성 간 여행을 자유롭게 할 수 있는 수준의 과학기술을 가진 생명체라면 다른 행성을 감시하는 데 수십 톤짜리 인공위성이 아니라 위성 형태의 감시시설을 남겨뒀을 가능성이 크다. SF소설이나 만화 수준의 상상력이기는 하지만 수십에서 수백 광년 떨어진 행성에 인공위성 크기의 감시시설을 보내고 유지하는 것이 오히려 어려울 수 있기 때문이다.

이에 반해 위성 크기의 인공물은 만들기는 어렵지만 수백 광년 떨어진 곳에 보내거나 유지하기에 오히려 쉬울 수 있다. 또 위성 크기는 아니더라도 지구의 인공위성과 비교해 상당히 거대한 공장형 시설을 보낸 뒤 현지 행성의 천연자원을 활용해 위성 크기의 우주정거장을 만들어 자연물로 위장하는 것도 가능할 수 있다. 특히 군사적인 측면을 고려하면 거

고도의 과학기술을 보유한 외계 생명체들이 행성마다 거대한 기지를 설치해두었다는 태양계

대한 인공 구조물의 경우 여차하면 기지로도 활용할 수 있기 때문에 매력적일 수 있다.

태양계의 세번째 행성인 지구에 달을 두고, 여섯번째 행성인 토성에 이아페투스를 붙여뒀다면 태양계 감시시설로는 그럴듯한 짜임새를 갖게 된다. 물론 행성간 거리를 고려한다면 다양한 반론이 가능하지만 감시시설을 두기에는 세번째와 여섯번째가 적당하기는 하다.

버려진 고대 외계 문명?

●

지구의 달이나 이아페투스가 외계인의 감시시설이나 기지라면 왜 감시를 위한 아무런 징후도 발견되지 않느냐는 반론이 제기될 수 있다. 이에 대해 음모론자들은 고대 외계 문명의 시설이었는데 지금은 아마도 버려진 것이라는 탈출구를 마련해두고 있다.

정보 부족으로 인해 음모론자들의 이 같은 주장을 일축해버릴 수도 없지만 지구의 위성인 달에 대한 탐사조차 빈약한 지구의 지식으로는 외계 문명의 비밀을 풀어내기란 더욱 어렵다. 우주의 생성 비밀을 연구해온 세계적인 과학자 스티븐 호킹Stephen Hawking 박사는 타임머신의 존재 가능성에 대해 "먼 미래에 타임머신이 존재한다면 과거나 현재에 미래에서 온 사람이나 증거물이 있어야 하지만 현재까지 발견되지 않았기 때문에 타임머신은 존재할 수 없다고 본다."고 말했다.

이 같은 설명에 대해 다양한 이견을 덧붙일 수도 있지만 그의 어법을 빌린다면 "달 크기의 감시시설이나 기지를 만들 수 있는 외계문명이 존재한다면 어떠한 형태로든 지구 또는 지구인에게 흔적을 남겼을 텐데 현재까지 구체적인 증거가 발견되지 않았기 때문에 존재하지 않는다고 보는 것이 타당하다."는 표현이 가능하다. 과연 지구의 달이나 토성의 이아페투스에 대한 신비는 언제쯤이나 풀리게 될까?

카시니Jean-Dominique Cassini, 1625~1712

이탈리아 태생의 프랑스 천문학자. 갈릴레이의 제자 카발리엘리(1598~1647)에게 천문학을 배우고, 1650년 볼로냐대학의 천문학 교수가 되었으며, 1669년 루이 14세의 초청으로 파리 천문대 초대 대장이 되었다. 목성·화성의 자전 주기를 측정하였으며, 토성 고리의 틈과 4개의 위성을 발견하고, 달의 자전에 관한 '카시니의 3법칙'을 세웠다. 또한 화성과 태양의 거리를 재는 등 많은 업적을 남겼다. 저서로는 《천문학 논문집》(1666), 《천문변량(天文變量)의 요소》(1693) 등이 있다.

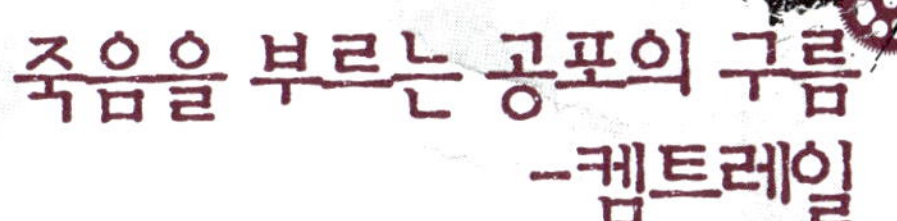

죽음을 부르는 공포의 구름
-켐트레일

항공기가 지나간 자리에 남겨진 하얗고 긴 흔적을 비행운(飛行雲)이라 부른다. 영어로는 콘트레일 contrail 이다. 흔한 자연현상이지만 이를 놓고 언제부턴가 하나의 음모론이 꼬리표처럼 따라다니고 있다. 평범한 듯 보이는 이 비행운이 사실은 특수 목적을 띤 비행기가 다수 대중을 대상으로 한 비밀실험을 위해 유해 화학물질을 살포한 흔적이라는 것이다. 이를 지지하는 음모론자들은 콘트레일을 케미컬 트레일 chemical trail, 즉 켐트레일 Chemtrail 로 칭한다.

기다란 띠 형태의 지극히 평범한 비행운에서부터 문어발, 쓰나미, UFO 등 특이한 이름이 붙은 각종 희귀 구름까지 전 세계 각국에서 올라온 켐트레일의 증거는 다양하다. 이 모든 것이 단순한 구름이 아니라 인간에게 치명적 해를 끼칠 수 있는 유해물질 살포 흔적이라는 게 많은 음모론자들의 주장이다.

모종의 비밀 실험

●

하늘에서 흔히 볼 수 있는 비행운의 주 발생 원인은 대기 중 수증기의 응결이다. 항공기 엔진에서 배출되는 미소물질nanomaterial에 수증기가 달라붙어 구름과 같은 형상을 띠게 되는 것인데, 습도에 따라 비행기의 꽁무니는 물론 날개 뒤쪽에서도 생긴다. 대개 항공기가 3만 피트(9.14km) 이상의 고공비행을 할 때 발생하며 고도가 높을수록 흔적도 오래 남는다. 보통의 비행운은 기포가 다시 증발하면서 몇 초에서 몇 분 사이에 사라지지만 1시간 이상 길게 유지되는 경우도 있다.

그런데 이것이 몇 시간, 혹은 며칠이 지나도록 사라지지 않는다면? 실제로 하늘에 남겨진 선명한 비행운 궤적이 8시간이나 지속됐다는 목격담도 전해지고 있다. 더 의심스런 부분은 켐트레일로 추정되는 이 구름이 어느 순간 안개처럼 공중에 흩뿌려지면서 청명했던 하늘이 잿빛으로 오염됐다는 것이다. 그리고 이 사건(?) 이후 해당지역 주변의 공기와 빗물에서 갖가지 화학물질이 추출됐다고 한다.

물론 이 같은 사례는 학계에서 검증됐거나 공론화된 것은 아니다. 아직은 미스터리 추종자들 사이의 '카더라 통신'일 뿐이다. 하지만 최근 몇 년 사이에 이런 사례들이 인터넷 등을 통해 상당수 전파되면서 그 파급력을 넓혀가고 있다. 현재는 켐트레일이 음모론의 새 영역으로 부상하여 전문적인 추적과 분석활동을 하는 그룹까지 생겨나고 있는 상태다. 이들 그룹의 주장에 따르면 콘트레일과 구분되는 켐트레일의 특징은 크게 두 가지다. 비행운에 비해 흔적이 오래 남으며, 몇 시간이 지나면 형태와 색깔 등이 괴상하게 변한다는 게 그것이다.

덧붙여 켐트레일 출현 직전에 의문의 군용기나 헬기 등이 포착됐다는 보고도 있다. 켐트레일을 살포하는 비행체들은 대체로 아무런 표식이나 장식이 없는 흰색 항공기가 대부분이라고 한다. 따라서 소속은 물론 이착륙 지점이 어디인지도 알 수 없다는 설명이다.

나아가 많은 음모론자들은 켐트레일이 주로 분쟁지역에서 가동되는 비밀 무기라고 이해한다. 그래서인지 인터넷상에는 한국과 이스라엘의 켐트레일 사진이 유난히 많다. 또 혹자는 미 국방부와 방위고등연구계획국DARPA, 방위산업체, 제약회사 등이 얽히고설킨 거대 프로젝트라는 주장을 펼치기도 한다. 인류의 효율적 통제를 위한 인구수 조절이나 약물 실험 등 모종의 음모가 배경에 자리 잡고 있다는 말이다.

극단적이기는 해도 지구인을 지배하려는 외계인의 술책이라거나 지구종말의 증거라고 말하는 부류도 존재한다. 나아가 켐트레일의 진상을 밝히려했다가는 정부에 의해 체포되거나 살해된다는 괴소문마저 떠돌고 있다.

켐트레일 금지법

●

이런 가운데 미국연방수사국FBI이 켐트레일의 배경을 수사하려다 중단했다는 이야기가 켐트레일의 실존 가능성을 증명하는 증거로 널리 회자되고 있다. 사건의 과정은 이랬다.

1998년 미국 네바다 주에 거주하던 한 시민이 고속도로를 달리던 중

의문의 현장을 목격했다. 정체불명의 비행체가 상공에서 이상한 액체를 뿌려대고 있었던 것이다. 이를 켐트레일로 받아들인 시민은 액체를 비닐에 담아 경찰서에 신고했다. 테러 행위일지도 모른다고 의심한 경찰은 급기야 FBI까지 동원했고 FBI 조사 결과, 그 액체는 정체불명의 미생물로 드러났다.

바로 이때부터 이상한 일들이 벌어졌다. 먼저 한창 수사가 진행되는 도중에 최초 목격자였던 시민이 숨을 거뒀다. 갑자기 혼수상태에 빠져 병원에 실려 가서 3일 만에 눈을 감았는데 비행체를 뒤쫓으며 미지의 액체를 뒤집어쓴 것이 사인이었다고 전해진다.

이후 이 사건은 미국 국방부의 대테러 수사본부로 넘겨졌고, 얼마 뒤 액체를 살포한 비행체가 미국 공군 소속으로 확인됐다. 하지만 국방부의 수사협조 요청에도 불구하고 공군은 정부차원의 비밀작전이라는 이유로 차일피일 답변을 미뤘다. 이를 두고만 볼 수 없었던 FBI의 내부관계자가 이 사실을 언론에 공개하여 정체불명의 비행체가 이상한 액체를 뿌리는 것을 목격하면 신고하라는 발표를 하게 되었다. 하지만 어찌된 영문인지 FBI는 문제의 액체 성분이 "손상된 오존층을 복구하는 물질로 보인다."는 애매한 발표를 끝으로 사건을 덮어버렸다.

이처럼 엉성한 발표를 곧이곧대로 믿는 사람들이 과연 몇이나 될까. 이 사건에 대한 미국 정부의 대응 태도는 대중의 깊은 불만과 불신을 초래했다. 그리고 사회 각계의 해명 요구가 이어졌다. 몇몇 시민단체는 대통령에게 '미국 정부는 국민들을 대상으로 한 생화학적 물질 살포를 즉각 중단하라' 는 내용의 서한을 발송하기도 했다.

이어 미 의회는 켐트레일과 관련한 법안을 상정했다. 2001년 민주당 소속 데니스 쿠치니크Dennise Kucinich 하원의원이 '우주공간 보존법Space

비행운을 그리며 곡예비행을 하는 전투기 에어쇼의 한 장면

Preservation Act of 2001'을 제안하며 미국은 우주공간에 기반한 무기를 영구히 금지시키고 관련 무기를 제거해야 한다고 주장한 것이다. 여기서 쿠치니크 의원은 생화학적으로 특정 대상물을 손상시키고 파괴시키는 것은 물론 전자기, 음파, 레이저 등 에너지 방사 행위까지 무기로 간주했다. 특기할 만한 사실은 법안에 적시된 '낯선 무기 시스템exotic weapons systems' 이라는 개념이다. 그는 이것이 기후와 같은 자연현상을 인위적으로 제어하도록 설계된 것, 그리고 지구상의 특정 지역이나 대중의 손상 혹은 파괴를 유도하는 모든 것을 의미한다고 설명했다.

음모론자들은 이 조치가 앞선 FBI의 발표를 염두에 둔 것이라고 본다. 말하자면 법안에는 켐트레일이라는 단어가 직접 언급되지 않았지만 그

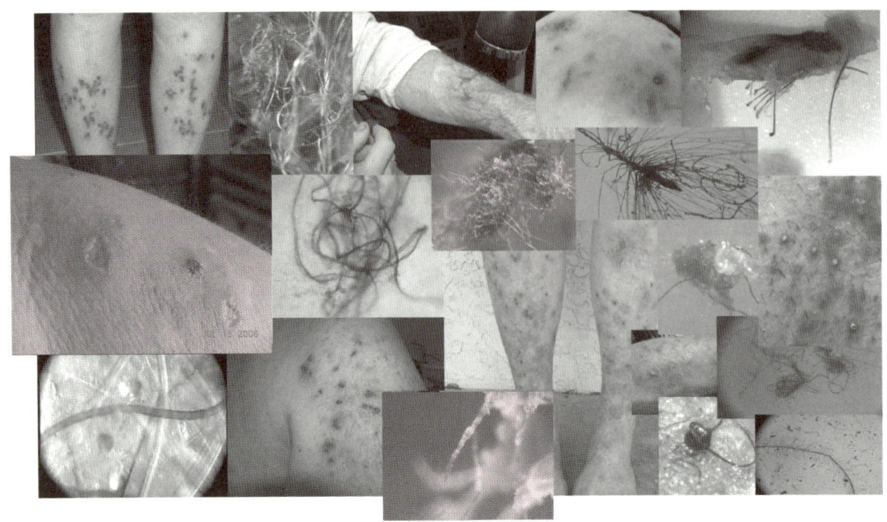

최근 켐트레일에 의한 질병이라는 의혹을 받고 있는 모겔론스병

같은 행위를 무기의 일종으로 분류하여 금지 목록에 포함시켰다는 주장이다. 법안은 2002년 일부 문항을 고쳐 다시 제출됐지만 결국 사장됐다. 쿠치니크 의원은 과연 켐트레일의 존재를 믿었던 것일까.

원인 불명의 불치병

●

그렇다면 인체에 치명적이라는 켐트레일의 성분은 대체 무엇일까. 이것이야말로 켐트레일을 논할 때 가장 중요한 사안일 것이다. 그러나 이에 대해 밝혀진 바는 아무것도 없다. 항간에는 켐트레일 출현 후 대기 중에서 잔류 화학물질이 검출됐다거나 지역 주민들의 건강에 심각한 피해가 나타났다는 얘기가 떠돌지만 아직은 루머일 뿐이다.

단지 켐트레일을 추적하는 몇몇 활동가들의 주장에 따르면 주성분은 석면, 알루미늄, 바륨염barium salts, 토륨Th 등이다. 이 물질들의 인체 유해성은 익히 알려져 있는데, 건축 재료로 흔히 쓰였던 석면만 해도 현재는 1급 발암물질로 지정돼 있다. 다른 한편으로는 적혈구와 백혈구, 더 나아가 바이러스, 세균, 곰팡이 등의 미생물이 들어 있다는 주장도 있으며, 아직 알려지지 않은 생화학적 물질이라는 분석도 제기된다. 만일 금속물질과 특정 세균이 함께 방출된 것이라면 이때는 햇빛으로 인해 박테리아와 바이러스의 번식이 용이한 환경이 조성된다. 또 기체 중에 고체 및 액체 미립자가 부유하는 에어로졸, 즉 안개 형태의 구름이 형성될 수 있다. 켐트레일처럼 말이다.

음모론적 시각에서 보자면 켐트레일이 살포되는 지역에서는 여러 질병이 파생될 개연성이 높은데, 수명을 단축하거나 불임, 만성 호흡기 질환 등을 유발하는 것으로 알려져 있다. 특히 최근에는 원인 불명의 피부과 질환인 모겔론스병Morgellons Disease이 대표적 켐트레일 질병으로 지목되고 있는 상황이다.

모겔론스병은 몇 년 사이 미국에서 급격히 증가하고 있는 질병 중 하나로 온몸이 심하게 가렵고 피부 곳곳에 상처가 생기며 기생충이나 벌레가 살을 파고 나오는 괴질이다. 말기에는 정신 이상 증세까지 보인다고 한다. 호러 영화에서나 나올 법한 이 끔찍한 질병은 한번 감염되면 결코 나을 수 없다. 현대 의학으로는 치료법이나 치료약이 전혀 없기 때문이다. 미국의 경우 이미 0.1퍼센트가 감염됐다는 통계가 있지만 신뢰성 있는 공식발표는 아니다. 확실한 점은 미국을 기점으로 캐나다, 호주, 뉴질랜드, 유럽, 아프리카, 아시아 등지로 계속해서 번지고 있다는 것이다. 한반도 역시 안전지대는 아니다.

감염 원인과 경로가 불명확한 만큼 환경 파괴, 유전자 조작 때문이라는 말이 돌고 있지만 어쩌면 실제로 켐트레일에 의한 것일지도 모를 일이다.

이렇듯 켐트레일 유해론이 점차 심각한 방향으로 흘러가고 있는 와중에 켐트레일 연구자들은 그 독성을 차단할 나름의 장치를 고안하기도 했다. 이른바 '클라우드버스터Cloudbuster' 라고 불리는 이 장치는 기본적으로 오염된 대기를 정화하며, 우주에 충만해 있다는 오르곤 에너지orgone energy를 사람에게 좋은 에너지로 변환시킨다고 한다. 클라우드버스터는 양동이 한 개와 기다란 동(銅) 파이프 몇 개, 그리고 크리스털 몇 조각만 있으면 누구든 쉽게 제작할 수 있다.

왠지 엉성해 보이는 이 장치가 정말 켐트레일을 제거할 수 있을까. 안타깝게도 이 부분은 켐트레일 연구가들조차 의문을 품고 있는 실정이다.

미지의 자연현상

●

이외에도 켐트레일에 대한 의문은 끝이 없다. 하나부터 열까지 모두가 의문투성이다. 이를 감안하면 많은 대중이 켐트레일의 존재에 대해 '설마' 식의 태도를 취하는 것도 무리가 아니다.

음모론자들의 주장에 아예 거센 비난을 가하는 부류도 있다. 인구 감소나 신약 실험을 위해서

켐트레일을 제거할 수 있다고 보는 클라우드버스터

라면 누구나 잘 볼 수 있는 상공에서 항공기로 화학물질을 살포하는 것보다 한층 효과적인 방법이 많다는 게 이들의 주된 논거다. 고로 켐트레일은 단지 미스터리 신봉자들의 유희에 불과하다는 것이다.

이성적인 사람이라면 이러한 주장이 현실적인 판단으로 들릴 것이다. 그러나 켐트레일과 관련한 목격담과 진술, 자료들을 모두 부인하기도 힘들다. 켐트레일에 대한 가설이 과학적 근거에 의해 제시된 것은 아닐지라도 지금껏 드러난 정황상 단순한 장난으로 치부하기에는 석연치 않은 점이 많다. 지금으로서는 켐트레일의 존재를 확신하는 이들의 근거가 비과학적인데다 극단적 과장과 왜곡을 통해 음모론을 확산시키는 일도 서

희귀 구름

현대 기상학의 기초를 닦은 이는 19세기 영국의 과학자 루크 하워드(Luke Howard)다. 그는 구름이 공기 중 수증기가 상승하면서 응결돼 만들어진 것임을 세상에 알렸으며 구름의 모양을 권운, 적운, 층운 등으로 분류했다. 그가 만들어낸 이 분류법은 현대 구름 분류법의 기초가 됐다. 오늘날 기상학은 여러 관측 장비의 발달에도 불구하고 하워드의 이론에서 그다지 멀리 나아가지 못했다. 때문에 세간에는 현대 구름 분류법으로 규정할 수 없는 형태의 구름들이 종종 눈에 띈다.

대표적인 예로 최근 몇 년간 호주 북부의 버크타운에 모습을 드러내며 '모닝 글로리(Morning Glory)'라는 이름을 얻은 희귀 구름을 들 수 있다. 밝은 빛을 뿜어내며 길게 늘어선 이 구름은 최대 길이가 약 1000킬로미터, 최고 시속은 56킬로미터에 육박하는 것으로 전해진다. 이 구름에 대해선 아직까지 형성 원인조차 정확히 규명되지 않은 상태지만 바닷바람과 관련이 있을 것으로 추정되고 있다. 물론 이 구름 또한 켐트레일 음모론자들에게는 좋은 먹잇감인데, 모닝 글로리는 매년 비슷한 시기에 호주 버크타운 300미터 상공에서 모습을 드러내 색다른 관광 패키지 상품으로 각광받고 있다.

습지 않지만 말이다. 하지만 과학으로 설명되지 않는 이상현상에 대한 의문 제기는 과학의 발전을 위해서도 바람직한 것이 아닐까. 광대한 자연계에서 벌어지는 모든 것을 자연의 섭리로 덮어두고 가만히 두고만 보는 것은 결코 과학이 할 일은 아닐 것이다.

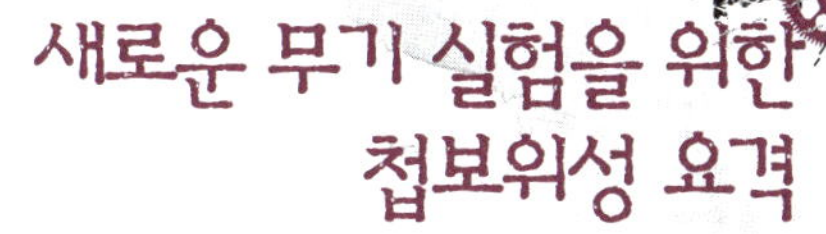

새로운 무기 실험을 위한 첩보위성 요격

2008년 2월 미국이 실시한 첩보위성 USA-193 요격은 단순히 고장 난 위성의 추락을 막기 위한 것이었을까. 아니면 그동안 추측으로만 떠돌던 새로운 무기체계를 실험하기 위한 것이었을까. 음모론자들은 미국의 첩보위성 요격이 차원굴절 무기로 알려진 HAARP^{High Frequency Active Auroral Research Program}의 실험을 위한 명분 만들기였다고 주장한다.

미국과 러시아만 보유하고 있는 것으로 평가되던 위성 요격 기술은 1985년 미국이 마지막 위성 요격 실험을 실시한 이후 20여 년 이상 중단돼 왔다. 이는 강대국간 군비감축과 더불어 지구 궤도상의 위성 파괴로 발생되는 파편 등 우주 쓰레기가 자칫 인공위성, 국제우주정거장, 그리고 우주탐사선 등과 부딪히는 치명적 위험을 발생시킬 수 있다는 이유 때문이었다. 이처럼 20여 년 이상 중단됐던 위성 요격 실험이 최근에만 두 차례나 실시됐다. 중국이 2007년 1월 11일 위성 요격 미사일^{Anti-Satellite, ASAT}인 KT-2를 이용해 자국의 극궤도 기상위성인 펑원(風雲)-

1C를 파괴한데 이어 2008년 초 미국에 의한 첩보위성 요격 실험이 이뤄진 것이다.

중국의 기상위성 요격 실험

미국은 일주일 후인 1월 18일 중국의 기상위성 요격 사실을 발표하면서 우주를 군비확장과 전쟁무대로 만들고 있다고 맹비난했다. 당시 중국은 요격용 미사일 KT-1의 개량형인 KT-2를 이용해 지구 궤도 859킬로미터 상공에서 기상위성을 파괴한 것으로 알려졌다. KT-1의 경우 총중량 41톤에 사거리 800킬로미터 내외의 중거리 요격 미사일이지만 KT-2는 탄두를 탑재하지 않은 채 기상위성과의 충돌을 통해 파괴한 것으로 전해졌다. 이 때문에 KT-2의 사거리는 KT-1보다 훨씬 확장됐을 것으로 추정되고 있다.

2007년 중국은 기상위성을 파괴한다는 명목으로
KT-2 미사일 요격 실험을 한 것으로 알려져 있다.

미국이 공식 발표를 통해 비난을 퍼붓자 중국은 기상위성 요격 실험을 공식적으로 인정했다. 쓰촨성 시창에 위치한 위성발사센터에서 KT-2 미사일을 발사하여 자국의 낡은 기상위성을 파괴했다고 밝힌 것이다. 중국은 시속 2만 킬로미터의 속도로 859킬로미터 상공의 지구 극궤도를 돌고 있던 폭 1.5미터 내외의 기상위성을 파괴함으로써 미국과 러시아에 이어 세계 세번째로 위성 요격 기술을 과시하게 됐다.

중국의 기상위성 요격 실험을 공식 발표할 당시 미국 백악관 국가안보회의 고든 존드로Gordon Johndroe 대변인은 "미국은 중국의 이 같은 무기 개발 및 실험이 양국이 민간우주 분야에서 지향하는 협력정신에 부합되지 않는 것으로 믿고 있다."고 말했다. 문제는 당시 언론에 인용된 국방부 관리의 말이었다. 영국 일간지 〈더 타임스〉와 AFP 통신 등 주요 외신들은 미국의 중국 비난 소식을 전하면서 "중국이 위성 요격 실험을 한 당일 미국은 2006년 발사한 실험용 첩보위성과 통신을 할 수 없었다."고 한 이 관리의 말을 인용했다. 국내 언론들도 외신을 전하면서 국방부 관리의 비공식적인 말을 함께 인용했다.

미국의 첩보위성 격추

●

중국이 위성 요격 실험을 할 당시 미국의 첩보위성 USA-193이 고장 난 상태였는지, 아니면 중국의 위성 요격 실험 후유증을 강조하기 위한 것인지 불명확하지만 베일 속에 가려 있어야 할 첩보위성에 대한 언급이 있었던 것만은 분명하다. 시간이 흐름에 따라 중국의 위성 요격 실험과 통신이 두절된 미국의 첩보위성 이야기는 사람들의 기억 속에서 사라졌다. 그런데 1년여의 시간이 지난 2008년 초 미국은 자국의 첩보위성이 고장으로 인해 점점 지구 쪽으로 추락하고 있다고 발표했다. 지난 2006년 12월 발사된 USA-193이 무용지물인 상태로 지구 궤도를 돌다가 점차 궤도에서 이탈하여 지구로 추락하는 상태라는 것이었다.

미국은 무게가 2만 파운드(9072kg)에 달하는 미니 버스 크기의 이 첩보위성에 약 450킬로그램의 하이드라진Hydrazine이 탑재되어 있어 추락하면 극히 위험하다고 경고했다. 인공위성의 자세제어 및 궤도변경에 사용되는 추진제인 하이드라진은 맹독성 물질로 사람이 흡입하거나 이에 노출될 경우 사망할 가능성이 크다. 미국의 주장에 따르면 이 첩보위성이 추락할 경우 지구의 특정지역에 피해를 줄 수 있기 때문에 어쩔 수 없이(?) 파괴해야 한다는 것이다. 이에 따라 미국은 2008년 2월 21일 하와이 서쪽 해상에 대기 중이던 타이콘데로가급 이지스함인 레이크 이리호에서 위성 요격용으로 개량된 SM-3 미사일을 발사해 이 첩보위성을 파괴했다.

SDI 체계 의혹

●

여기까지가 중국의 위성 요격 실험에서 미국의 첩보위성 격추에 이르는 논란의 공식적인 부분이다. 하지만 음모론자들은 미국의 첩보위성 격추에 대해 두 가지 의문을

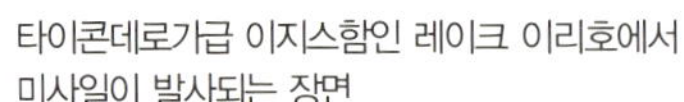

타이콘데로가급 이지스함인 레이크 이리호에서
미사일이 발사되는 장면

제기하고 있다. 첫번째는 음모론으로 분류하기 어려울 정도의 공식적인 시각이다. USA-193 격추는 하이드라진이라는 맹독성 물질을 가득 담은 첩보위성의 추락을 막기 위한 것이 아니라 미국이 과거 추진해온 SDI^{Stra-tegic Defense Initiative: 전략방위구상} 체계 실험의 일환으로 이뤄졌다는 것이다.

SDI는 1983년 도널드 레이건 대통령에 의해 시작된 것으로 적의 핵 또는 생화학 탄두 탑재 미사일을 우주에서 요격해 파괴한다는 개념을 갖고 있다. 스타워즈 계획으로도 불리던 SDI는

스타워즈 계획으로 만들어진 미사일 요격 탄도 미사일

막대한 비용과 기술적 한계 등으로 MD^{Missile Defence: 탄도미사일방어} 계획으로 변경됐다. MD는 조지 부시 대통령이 2001년 5월 1일 밝힌 새로운 미사일방어체계 개념으로 SDI의 축소판이라고 할 수 있다. MD 체계는 미국 본토와 해외 미군기지, 동맹국들을 동시에 방위하려는 것으로 지상·해상·공중 요격시스템이 포함되는데, 이는 SDI와 비교할 때 전략 및 전술적 목표가 크게 줄어든 것이다. 문제는 MD 체계로 변경된 SDI 체계가 완전히 폐기되지 않았을 수도 있다는 점이다.

SDI의 경우 1989년 4월 레이저 무기인 '알파'의 고출력 시험에 성공

했고, 컴퓨터 조종의 열 추적 미사일 실험에도 성공했다. 이 같은 상황 때문인지 음모론자들은 미국이 최근 탄도탄 요격미사일^{ABM: Anti-Ballistic Missile} 조약을 탈퇴한데 이어 별도의 예산을 들여 SDI 체계를 실험했다는 주장을 굽히지 않고 있다.

러시아와 중국, 유럽 등도 미국이 첩보위성을 요격하기로 결정하자마자 이 같은 요지의 주장을 펼쳤다. 즉 미국의 첩보위성인 USA-193은 2006년 12월 발사 직후 무용지물인 상태였으며, 파괴하려 했다면 보다 빨리 시행할 수도 있었다. 그런데 SDI 체계에 따른 무기 개발을 염두에 두었기 때문에 2008년 초에야 첩보위성 격추를 단행했다는 것이다.

호글랜드의 가세

●

미국의 달 착륙은 모두 거짓이며, 달에 대형 건축물 형태의 구조물과 문명의 흔적이 있다는 주장을 해온 리처드 호글랜드^{Richard Hoagland} 박사 역시 자신의 사이트^{www.enterprisemission.com}를 통해 미국의 첩보위성 요격은 SDI 체계의 실험을 위한 것이라고 주장했다. 특히 그는 미국이 2008년

하이드라진(Hydrazine)

강력한 환원제로 사용되는 히드로니트로겐 화합물로 화학식 N_2H_4이다. 공기 중에서 발연하는 무색의 액체로 암모니아와 비슷한 냄새가 나고 거울의 은도금과 유리·플라스틱에 금속막을 형성하는 데 이용되며 부식방지제로도 사용된다. 발연성이 높아 로켓의 연료로 사용되며, F-16 전투기의 EPU(Emergency Power Unit) 연료로도 사용된다. 또한 호흡기와 피부 등에 영향을 미칠 수 있는 유독성 물질로 발암성이 높기 때문에 컬럼비아 우주왕복선 폭발 사고 당시 지상에 떨어진 파편에 일반인들의 접근을 금지하기도 했다.

1월 USA-193 첩보위성이 추락하고 있다는 발표를 한 뒤 한 달 여 만에 전격적으로 첩보위성 요격을 단행한 것에서도 알 수 있듯이 그동안 계속해서 SDI 체계를 유지해 왔다는 주장도 덧붙였다.

실제로 미국은 첩보위성 요격을 결정한 단 몇 주 만에 위성 요격을 위해 개조된 3기의 SM-3 미사일을 준비했다. 또한 이를 이지스함인 레이크 이리호를 비롯해 디케이터, 러셀 등의 군함에 탑재해 요격 장소인 하와이 서쪽 해상에 배치시켰다. 아무리 미국이라지만 사전 준비가 없었다면 이처럼 빠른 행보를 보이기 어렵다는 게 관계자들의 중론이다. 〈뉴욕타임스〉도 첩보위성 요격을 앞두고 지금까지 328개의 인공위성이 우주에서 추락했지만 단 한 번도 지상에 피해를 입힌 적이 없다는 점을 근거로 이번 첩보위성 요격이 '안전' 보다는 SDI 체계를 위한 실험이었음을 은연중 시사했다.

물론 이와 다른 시각도 있다. 회의론자들은 미국이 2006년 12월 USA-193의 발사 이후 이 첩보위성의 통신 불능을 파악하여 파괴를 위한 준비를 진행했지만 공교롭게도 타이밍을 놓쳤다고 주장하고 있다. 즉 중국이 2007년 1월 위성 요격 실험을 단행함에 따라 중국을 맹비난한 미국은 정상적인 파괴 수순을 놓치게 됐고, 결국 1년여의 시간이 흐른 2008년 2월에야 단행하게 됐다는 것이다. 이 같은 회의론에는 중국 중심의 분석도 있다. 미국이 통제 불능인 USA-193 첩보위성에 대한 요격을 준비 중이라는 것을 사전에 탐지한 중국이 한발 앞선 요격 실험을 단행했다는 것이다. 이렇게 함으로써 중국은 미국 등 세계 각국의 견제 및 비난을 피해가려 했을 것이란 시각이다.

HAARP 실험 병행(?)

●

두번째 음모론은 비공식적이며 확인되지 않는 것이다. 그것은 바로 미국이 정체불명의 차원굴절 무기로 알려진 HAARP 실험을 첩보위성 요격 실험에 병행했다는 주장이다. 이 같은 주장을 한 사람은 러시아의 여류 과학자로 알려진 소르차 팔Sorcha Faal이다. 현재 소르차 팔은 상트페테르부르크에 거주하며, 러시아의 〈프라우다〉 칼럼리스트로 활동하고 있다. 또한 자신의 영문 웹사이트 www.Whatdoesitmean.com를 통해 다양한 음모론적 주장을 내놓고 있다.

일부에서는 팔이 실제 인물이 아니라 러시아 비밀기관의 심리전 요원이라는 주장도 있다. 어쨌든 소르차 팔은 자신의 사이트에 게재한 영문 칼럼을 통해 미국이 첩보위성 요격 작전을 수행하면서 차원굴절 무기인 HAARP의 실험도 병행했다고 주장했다. HAARP는 해저나 지하 등을 포함하는 장거리 감시 장비인 동시에 지진이나 폭풍을 발생시키는 기후 무기로도 거론되고 있다. 이론적이기는 하지만 지구 전리층에 강한 전파를 쏘아 균형을 흔들어놓거나 반사효과를 이용해 해저나 지하 감시 및 기후조정이 가능하다는 것이다.

이보다 한 단계 더 나아가면 지구 전리층에 강한 전파를 쏘아 차원의 굴절 현상을 일으키고 이를 통해 새로운 차원, 즉 새로운 시공간으로의 이동이 가능하다는 주장도 있다. 바로 이 차원 굴절 실험이 미국의 첩보위성 요격과 병행됐다는 게 음모론의 골자다. 이 같은 주장을 전제로 하

←… 미국 알래스카 카고나의 HAARP에 설치되어 있는 안테나

면 첩보위성 USA-193은 다른 시공간으로 보내기 위한 HAARP의 실험 위성이 되는 셈이다.

미국이 USA-193 첩보위성을 파괴하거나 이 첩보위성을 다른 차원으로 날려보내기 위해 HAARP를 가동했는지 확인할 수는 없다. 소르차 팔은 자신의 칼럼을 통해 미국이 HAARP를 가동한 사실을 러시아와 중국의 과학자들이 모니터링했다고 주장하지만 이 역시 공식적으로 확인이 된 것은 아니다.

위성 해킹 주장도

●

미국이 발표한 HAARP의 공식적인 용도는 지구 전리층 연구다. 하지만 HAARP가 건설되던 초기에는 지구 전리층에 강력한 전파를 발사해 해저의 유전이나 심해의 잠수함까지 찾아내는 것이 가능하다는 말이 있었다. 이 같은 점을 고려하면 USA-193 첩보위성의 요격을 앞두고 정찰 목적으로라도 HAARP를 가동했을 가능성을 배제할 수 없다. 또한 지난 2004년에는 HAARP를 제대로 통제하지 못해 대규모 지진과 쓰나미를 발생시켰지만 2008년에는 통제 능력의 확대로 지구 표면에 영향을 미치

HAARP(High Frequency Active Auroral Research Program)

전리층 관측을 통해 날씨를 예측하거나 전자기파를 이용해 지구 내부를 단층 촬영할 수 있는 탐사장비가 설치되어 있는 미국 알래스카 카고나의 연구소를 말한다. 하지만 최근 음모론자들에 의하면 강력한 전자기파나 입자빔을 쏘아 항공기나 잠수함 등의 전자장비를 교란시켜 파괴할 뿐만 아니라 전자기막을 만들어 미사일 공격이나 포탄을 튕겨내고, 기후를 마음대로 조정해 지진이나 쓰나미를 야기할 수도 있다는 의혹을 받고 있다.

는 지진이나 쓰나미를 피한 채 첩보위성을 새로운 시공간으로 옮겼다는 설도 있다.

미국의 첩보위성 요격이 있었던 2008년 2월 21일은 바로 달의 개기월식이 있던 날이다. 개기월식이 있던 날 첩보위성을 요격한 것은 HAARP 실험의 피해를 최소화하기 위한 것이었다는 주장도 있다. 하지만 HAARP 실험과 개기월식 사이에 어떤 연관이 있는지는 알려지지 않고 있어 신뢰성이 떨어진다. 이밖에도 USA-193 첩보위성이 무용지물이 된 것은 발사에 따른 고장이 아니라 특정국가의 지원을 받는 해커 조직이 위성을 해킹하는 과정에서 고장을 일으켰다는 음모론도 있다. 하지만 이 역시 가능성만 있을 뿐 신뢰성 측면에서는 의문스러운 음모론에 불과하다.

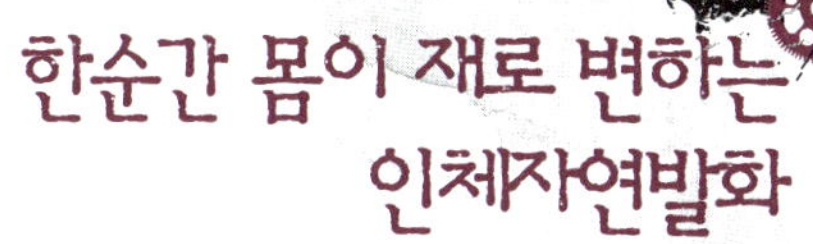

"한순간 그의 몸에서 불길이 일기 시작했다. 주위에 불씨가 될 만한 것이 아무것도 없었지만 그의 몸은 순식간에 재로 변해갔다. 그 불은 사람들의 노력에도 꺼지지 않았다. 그리고 주변의 어떤 물건에도 옮겨 붙지 않았다."

영국 소설가 찰스 디킨스의 《황폐한 집Bleak House》(1853)에 등장하는 넝마주이 주정꾼은 이렇게 사망했다. 이른바 인체자연발화SHC: Spontaneous Human Combustion다. 디킨스가 소설에서 이처럼 범상치 않은 사인(死因)을 택한 데는 결정적 이유가 있었다. 동시대를 살았던 소설가 조지 엘리엇George Eliot의 애인 조지 루이스George Lewes가 디킨스에게 "SHC 현상은 결코 있을 수 없는 허구"라고 강력히 주장했던 것이다. 이에 디킨스는 《황폐한 집》의 서문에서 신문에 게재된 30여 건의 SHC 사건을 증거로 제시하며 루이스의 주장을 조목조목 반박했다. 말하자면, 디킨스는 SHC에 깊은 관심을 가지고 있었고 상당한 자료를 수집했으며 과학적으로 신뢰했던 것이다.

무엇이 디킨스를 SHC에 심취하게 만들었을까. 지금에 와서 그의 의중을 정확히 알 수는 없다. 어쩌면 단순히 작가적 호기심이 발동했을 수도 있고, 소설에 이용할 재미있는 소재 차원의 접근이었을지도 모른다.

여기서 주목할 만한 부분은 디킨스가 살았던 시대로부터 두 세기가 지나며 화성탐사, 휴머노이드, DNA 조작 등 당시와는 비교할 수 없을 만큼 과학기술이 발전했음에도 여전히 SHC가 미스터리의 영역에 남아 있다는 점이다. 일각에서는 SHC를 현 과학이론으로 설명이 불가능한 신비한 현상, 혹은 오해에 따른 루머로 간주하는 반면 다른 한편에서는 우리의 과학지식으로 충분히 해석할 수 있다고 주장한다.

몸이 저절로 타오른다

●

현재 인터넷에는 수많은 SHC 사례들이 떠돌고 있다. 이들은 대체로 미스터리 소재를 다루는 국내외 방송 프로그램에 소개된 것들로, 대표적인 몇 가지 예를 살펴보자면 이렇다.

1964년 영국 런던의 한 가정집에서 헬렌 콘웨이Helen Conway라는 노인이 몸에 불이 붙어 거의 재가 된 상태에서 손녀에 의해 발견됐다. 3분여 뒤 신고를 받은 소방관이 도착했을 때는 이미 완전연소가 완료된 상태였다. 놀라운 사실은 그럼에도 불구하고 주변에는 불이 옮겨 붙지 않았고 그을음도 생기지 않았다고 한다.

1966년 미국 펜실베이니아의 의사 존 벤틀리John Bentley도 자신의 집에서 불에 타 사망했다. 발견 당시 그의 몸은 다리 한쪽을 제외하고 모두 재로 변해 있었다. 그도 헬렌의 경우처럼 몸만 온전히 연소됐을 뿐 신고 있던 신발 등 주변물건은 조금도 타지 않았다.

　3년 뒤 미국 뉴욕의 한 술집에서는 만취 상태로 잠든 알코올 중독자 케리엇의 복부에 SHC로 추정되는 원인을 알 수 없는 불이 일어났다. 동석했던 친구들이 물을 끼얹으며 진압에 나섰지만 결국 그는 병원에서 치료를 받던 중 유명을 달리했다. 사고를 접한 경찰은 케리엇의 친구들을 살해 용의자로 보고 수사했다. 그러나 "이유는 알 수 없지만 불길은 몸 안에서 시작된 것이 확실하다."는 담당의사의 증언에 의해 무혐의 처분을 내렸다.

　아주 드물지만 SHC를 겪고도 생존한 이가 있다. 벨기에 브뤼셀에 살던 회사원 르아크가 그 실례다. 그는 1979년 승용차로 출근을 하던 중 무언가 타는 듯한 냄새를 맡고 차를 세웠다. 그리고 자신의 다리에서 연기가 피어오르고 있음을 깨달았다. 통증도 전혀 없이 말이다. 다리에서 시작된 불이 전신으로 퍼진 그는 주변 사람들에게 도움을 청해 급히 병

1966년 12월 5일 SHC로 사망한 존 벤틀리의 사고 현장

1964년 영국 런던의 한 가정집에서 SHC로 사망한 헬렌 콘웨이의 현장 모습

원으로 옮겨졌고 수술 후 건강을 회복할 수 있었다.

르아크의 의료진은 차량에서 떨어진 기름이 다리에 묻은 상태에서 우연히 불이 붙은 것으로 추정했다. 물론 차량이나 바지에서 이를 뒷받침할 증거는 발견되지 않았다. 게다가 르아크는 1년 뒤 유사한 일을 또 다시 겪었고 그 뒤로는 항상 휴대용 소화기를 지니고 다녔다는 후문이다.

이처럼 SHC로 추정되는 사건들은 이외에도 세계 곳곳에서 빈번히 일어났다. 1982년, 1998년, 그리고 영국, 호주, 중국 등지에서 관련사고가 보고됐다. 특히 한 연구에 의하면 영국과 미국에서만 각각 400여 건, 200여 건의 SHC 의심 사례가 확인됐다.

2000도 이상의 열에너지

●

이들 사례를 살펴보면 몇 가지 공통점을 발견할 수 있다. 우선 SHC는 불과 몇 분 만에 인체를 잿더미로 만들어 버린다. 처음에는 국부적으로 발화가 일어나지만 빠른 속도로 전신으로 번져 3분여 정도면 몸 전체가 전소된다. 또한 지금까지 조사된 바로는 SHC는 오직 사람에게만 발생하는 현상이다.

화재 조사원이자 《어블레이즈: 인체자연발화의 미스터리한 불^{Ablaze!: The Mysterious Fires of Spontaneous Human Combustion}》의 저자로 SHC의 실재 가능성을 확신하는 래리 아놀드^{Larry E. Arnold}에 따르면 SHC가 일어나면 피부에서 푸른빛이 나고 불길이 공중으로 솟구치며 성냥을 켤 때처럼 소음이 나기도 한다. 하지만 일반적인 물체의 연소와 달리 불쾌한 냄새는 전혀 나지 않는다. 뿐만 아니라 SHC 피해자들은 대개 조직이 탈수되고 피가 증발되는 증상을 보이며, 특히 상체만 훼손되고 하체는 비교적 온전히 남아 있는 경우가 많다. 인터넷상에 돌아다니는 SHC 추정 사진 중에도 피해자의 다리만 남아 있는 것이 다수를 차지한다. 드물게는 머리를 제외한 전신이 연소된다.

또 앞선 사례에서 언급됐듯이 그토록 강력한 화력에도 불구하고 SHC는 주변 물건의 훼손 없이 오로지 인체만 태운다. 시신 주위에는 불에 탄 흔적이 없으며 가전제품 등 인화성 물체들도 불에 손상되지 않았다. 벤틀리의 사례처럼 피해자가 신고 있던 신발이나 입고 있던 옷이 멀쩡한 경우도 많다.

래리 아놀드는 인체가 재로 변하려면 최소 섭씨 2000도 이상의 고온에 노출돼야 한다고 설명한다. 그런데 그 정도 온도에서조차 불과 몇 분만에 뼈와 살이 완전히 재로 변하는 것은 사실상 불가능하다고 지적한다. 실제로 시신을 화장할 때도 소각로의 온도가 1200도에 이르지만 뼈는 전혀 타지 않고 남아 있다. 그러므로 뼈까지 재로 변하는 SHC는 일반적인 화재 사건과는 전혀 다른 현상으로 봐야 한다는 것이 아놀드의 판단이다.

우리의 지식으로는 사람의 몸속에서 이같이 엄청난 온도의 열에너지를 생성하는 메커니즘은 존재하지 않는다. 설령 존재한다고 해도 인체만 태우고 사라지는 SHC를 설명하지 못한다. 이런 이유로 학자들은 SHC가 실재하는 현상이라고 받아들이지 않고 있다.

이에 대해 아놀드는 사람들이 SHC를 인정하지 않으려는 것은 단지 경험이 부족하기 때문이라고 강조한다. 처음 접하는 현상이라 쉽게 받아들이지 못한다는 것이다. 아울러 아놀드는 오래전 기록에서도 SHC에 대한 흔적이 발견되고 있다고 말한다. 《구약성경》〈레위기〉에 등장하는 "이상한 불이 여호와 앞에서 나와 아론의 아들들을 삼켰다."는 구절이 바로 SHC 현상을 가리킨다는 게 그의 주장이다.

인체자연발화에 대한 가설

●

아놀드 외에도 SHC를 과학적으로 해석하기 위한 시도가 끊임없이 있었다. 그 결과 몇 가지 가설들이 도출돼 있는데, 학자들이 SHC를 설명할 때 가장 일반적으로 펼치는 논지는 '촛불 효과'다. 인체에 불이 붙으면 그 열로 인해 체지방이 녹으면서 양초처럼 끝까지 타버린다는 것이다. 한마디로 이 가설에서는 인체를 양초, 옷과 체지방은 각각 심지와 연료원으로 본다.

몇 년 전 영국 BBC의 한 프로그램에서는 죽은 돼지에 불을 붙여 촛불 효과가 과학적으로 가능하다는 사실을 입증하기도 했다. 많은 동물 중 돼지를 택한 것은 식성, 해부학적 구조, 생리특성, 지방분포가 사람과 비슷하기 때문이었다. 이 실험을 주도한 연구진은 돼지 실험과 SHC 현상이 동일하다며 SHC가 원인불명의 초자연적 현상이 아니라 특정 환경에서 얼마든지 발

촛불 효과와 정전기 효과로 설명하는 등 다양한 설이 난무하지만 인체자연발화는 아직까지 과학적으로 정확하게 규명되지 않고 있다.

생할 수 있는 사고라고 풀이했다.

　SHC 희생자들이 주로 상체만 훼손되는 것 역시 촛불 효과로 추정이 가능하다. 간을 비롯한 상체 내장 조직에 비해 다리 등 하체는 지방이 적어 연소력이 떨어질 수 있기 때문이다. 하지만 이 가설에는 큰 허점이 있다. 뼈까지 완전히 연소시키는 데 최소 6~7시간이 소요된다는 점이다. 촛불 효과가 '믿거나 말거나' 식의 가설이라는 의구심을 벗으려면 반드시 이 부분을 설명해야만 한다.

　또 다른 가설로 '정전기 효과'를 들 수 있다. 이 가설을 지지하는 학자들은 보통의 정전기는 인체에 심대한 위해를 가하지 않지만 10만 명 중 1명꼴로 피부가 유난히 건조한 사람들의 경우 무려 3만 볼트의 정전압이 생성될 수도 있음에 주목한다. 즉 사람들 중에는 SHC의 잠재적 희생물이 될 만한 신체적·생리적 조건을 지닌 부류가 있으며, 이들이 예기치 못한 고전압의 정전기에 의해 SHC의 희생자가 될 수 있다는 것이다.

　이 주장은 미국 브루클린에 위치한 민간과학수사연구소에서 처음 제기했는데, 연구소는 이들 불운한 '인간 폭탄'들이 홀로 자폭하는 것을 넘어 종종 다른 사람에게 피해를 입히기도 한다고 전했다. 그들은 연구소 인근의 한 공장에서 하루에도 수차례나 원인미상의 화재가 발생한다며 수사를 의뢰한 사례를 들었다. 연구팀은 공장 근로자들에게 전극을 손에 쥐고 금속판 위를 걷게 한 뒤 정전압을 측정했는데 한 근로자에게서 3만 볼트가 측정됐다. 이후 이 근로자를 발화성 물질과 접촉이 없는 부서로 배치하자 화재가 사라졌다는 설명이다.

　사실 정전기 효과는 그리 새로운 내용이 아니다. 일찍이 비운의 천재 과학자 니콜라 테슬라^{Nikola Tesla}도 인체가 램프에 불을 켤 수 있을 정도의 전기를 만들어낸다는 점을 증명한 바 있다. 그러나 지금까지 알려진 정전기의 방전 형태로는 체내에서 불꽃이 솟아오르는 일은 불가능하다는 게 전문가들의 공통된 의견이다. 따라서 정전기 효과로도 SHC를 완벽히 설명할 수는 없는 셈이다.

과학인가, 허구인가

●

일각에서는 SHC가 영국, 미국 등 선진국 노인들에게서 주로 발생했다는 점을 들어 화학물질 과다사용을 원인으로 꼽기도 한다. 약품과 같은 화학물질을 장기간 사용하면서 인체에너지의 균형이 깨져 SHC를 촉발한다는 것이다.

이밖에도 SHC와 관련해 정신을 고도로 집중시키면 인체 고유의 전기가 발생한다는 '생체 전기설', 천둥 번개가 친 후 대기 중에 떠돌던 전하 덩어리가 특별한 원인으로 인체를 발화시킨다는 '구전(球電) 현상설', 체내 방사성 물질들이 서로 충돌해 핵폭탄과 유사한 핵분열 반응을 일으킨다는 '체내 핵분열 반응설' 등의 가설들이 제기되고 있다. 덧붙여 음주나 고열 때문에 체온이 급상승해 발화한다는 '고열설', 화병 및 화증으로 인한 체내의 화기(火氣)를 원흉으로 보는 '화병설' 등 다소 엉뚱한 추론들도 존재한다.

하지만 이 모든 가설들은 어떤 것도 확고한 지지나 설득력을 얻지 못하고 있다. 이는 다시 말해 SHC를 과학적·합리적으로 논증하는 이렇다 할 학설이 없다는 의미이며 과학의 눈으로는 도무지 납득할 수 없는 현상이라는 얘기다. 더욱이 세간에 알려진 SHC 사례 대다수는 완전한 조사가 이뤄지지 않았거나 소문에 의존한 일명 '카더라 통신'의 결과물이라고 한다. 그 때문인지 SHC 자체가 처음부터 조작된 것일 수 있다는 음모론적 시각도 적지 않은 게 사실이다.

이 모든 것을 감안할 때 현재 SHC 현상은 끝 모를 미궁 속에 빠져 있다고 보는 것이 정확하다. 언젠가 과학에 의해 진실이 명명백백 규명될 개연성을 완전히 배제할 수는 없지만 앞으로도 미스터리의 한자리를 꿰차고 있을 공산이 매우 크다. 이를 보면 새삼 깨닫게 된다. 우리가 잘 알고 있다고 생각하는 인체야말로 그 어떤 미스터리보다 신비로운 미지의 영역임을.

개 또는 너구리 정도의 크기에 독수리의 부리를 가지고, 바다생물 같은 매끈한 피부와 날카로운 송곳니를 가진 몬탁 괴물이 각종 음모론을 양산하고 있다. 일부에서는 몬탁 괴물이 필라델피아 실험의 후속 연구, 그러니까 몬탁 프로젝트에 의한 산물이라고 주장하고 있다. 필라델피아 실험은 스텔스 선박 개발이 목적이었는데, 이 실험과정에서 시공간 이동 현상이 나타났다. 최근 나타난 몬탁 괴물은 미국정부가 시공간 이동 실험을 재개했지만 이를 통제하지 못해 빚어진 부작용의 결과라는 것이 새로 부상하고 있는 음모론의 핵심이다.

몬탁 괴물의 진실은

●

2008년 7월 미국 롱아일랜드의 몬탁 해변에서 괴(怪)생명체의 사체가 발견됐다. 이 정체불명의 생명체는 이미 부패하고 바닷물에 의해 잔뜩 불

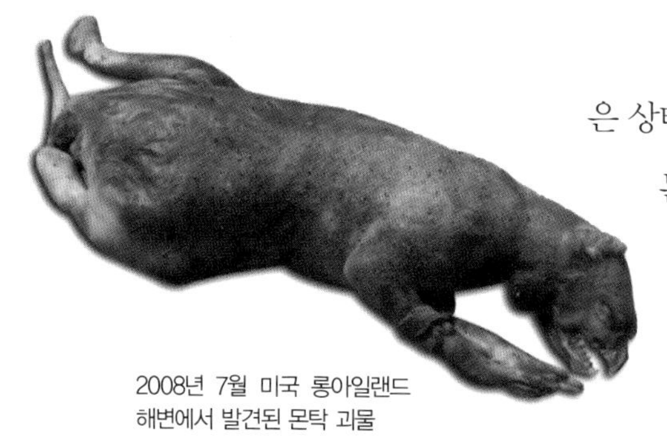

2008년 7월 미국 롱아일랜드
해변에서 발견된 몬탁 괴물

은 상태였지만 외관만큼은 뚜렷했는데, 개 또는 너구리 정도의 크기에 독수리의 부리를 가졌으며, 바다생물 같은 매끈한 피부, 그리고 공룡이나 맹수에게서 볼 수 있는 날카로운 송곳니를 가지고 있었다.

바닷가를 거닐던 관광객에 의해 발견된 이 생명체 사진은 몬탁-몬스터 닷컴이라는 웹사이트를 통해 전 세계에 유포됐고, 이후 몬탁 괴물이라는 이름으로 불리게 됐다. 몬탁 괴물은 유전자 실험에 의해 탄생된 유전자 변형 동물, 외계 생명체, 또는 그동안 발견되지 않았던 새로운 생명체 등으로 의견이 분분하다가 한동안 잠잠했다. 하지만 2009년 5월 롱아일랜드의 사우스홀드 해변에서 유사한 형태의 사체가 다시 발견되면서 재차 이목을 집중시켰다. 특히 '미래에서 온 시간 여행자' 라는 존 티토John Titor의 예언과 맞물리며 지구 또는 인류 종말의 전주곡이라는 주장으로까지 확산됐다.

이 같은 논란은 그해 6월 한 청년이 〈폭스 뉴스〉 인터넷 판을 통해 그 괴물이 자신의 행위임을 밝히면서 한풀 꺾이는 듯했다. 신분을 밝히지 않은 이 청년의 이야기를 간추리면 이렇다. 몬탁 괴물이 발견되기 2주 전 이 청년은 몬탁 해변 동쪽에 위치한 셸터 섬에서 미국산 너구리인 라쿤의 사체를 발견했다. 그냥 지나칠 수도 있었지만 이 청년은 친구들과 함께 바이킹 방식의 장례를 치러주기로 했다. 바이킹 방식의 장례란 소형 선박을 이용해 사체를 화장하는 것으로, 사체를 실은 소형 선박에 땔감이 될 나무와 사망자가 생존에 사용했던 무기 등의 부장품을 싣고 불을 붙여 띄워 보내는 것이다. 청년은 친구들과 함께 물놀이에 사용되는 유아용 튜브에 라쿤의 사체를 실은 뒤 속이 빈 멜론 껍질에 불을 붙여 바다로 띄워 보냈다고 주장했다. 이렇게 바이킹 방식의 장례가 치러진 라쿤의 사체가 2주 후 몬탁 괴물로 발견됐다는 것이다.

하지만 음모론자들은 이 같은 주장에 동의하지 않고 있다. 몬탁 괴물을 라쿤의 사체로 보기에는 석연치 않은 구석이 너무 많으며, 청년의 주장 역시 조작된 흔적이 역력하다는 것이다. 더구나 2009년 5월에 발견된 몬탁 괴물에 대해서는 아무런 해명이 없는 상태였다.

필라델피아 실험과 몬탁 프로젝트

●

음모론자들은 몬탁 괴물이 발견된 장소에 주목했다. 이곳이 한때 미국 정부의 비밀 프로젝트가 진행된 곳이기 때문이다. 현재 롱아일랜드 동쪽 끝자락의 몬탁 포인트에는 오래된 등대를 비롯한 자연풍광으로 관광객이 몰려들고 있지만, 1980년대 중반까지만 해도 이곳에서는 몬탁 프로젝트라는 정체불명의 비밀실험이 이뤄졌다. 때문에 음모론자들은 몬탁 프로젝트의 실험 영향으로 몬탁 괴물 같은 괴생명체가 출현했고, 이를 은폐하기 위해 신원불명의 청년을 내세우는 정보조작이 이루어졌다고 주장했다.

몬탁 프로젝트가 세상에 알려진 것은 1990년 1월에 열린 UFO 탐색자 회의였다. 이 회의에서 피터슨 니콜라스라는 사람은 자신이 몬탁 프로젝트에 참여했는데, 몬탁 프로젝트가 필라델피아 실험의 후속 연구라고 밝혔다. 1943년 7월 실시된 필라델피아 실험은 선박에 강력한 자기장을 걸어 레이더로부터 탐지되지 않는 일종의 스텔스 선박을 개발하려던 것이었다. 하지만 필라델피아 해군 항에서 USS 엘드리지 DE 173 경구축함을 대상으로 이루어진 이 실험의 결과는 전혀 예상치 못한 것이었다.

강력한 자기장이 걸리자 엘드리지호는 초록빛 안개에 가려졌고, 연구진은 이 초록빛 안개로 인해 엘드리지호 자체가 보이지 않는 현상을 경험하게 되었다. 레이더에 탐지되지 않는 스텔스 선박보다 한발 더 나가 선박 자체가 보이지 않는 현상이 일어났던 것이다. 예상 밖의 만족스러운 결과였지만 엘드리지호 선원들은 넋이 빠져 있거나 어지러움 또는 메스꺼움 등의 증상을 호소했다.

미국 정부와 연구진은 승무원을 전원 교체하고 같은 해 10월 2차 실험을 단행했다. 하지만 2차 실험의 결과는 더욱 끔찍했다. 엘드리지호의 모습이 보이지 않게 되다가 어느 순간 푸른 섬광과 함께 아예 사라져버린 것이다.

엘드리지호는 순간적으로 400킬로미터 남쪽에 있는 버지니아 노포크 항에 몇 분간 나타났다가 다시 필라델피아 해군 항으로 돌아왔다. 엘드리지호에는 181명의 승무원이 있었는데, 그중 120명이 사라져버렸고 40명 사망에 21명만이 살아남았다. 특히 생존자와 사망자 일부는 신체가 선박의 철판 등 구조물에 박힌 채로 나타났다. 이는 엘드리지호에 텔레포테이션teleportation, 즉 순간이동 현상이 일어났고 돌아오는 과정에서 선박 구조물과 승무원의 신체가 뒤섞여버린 것으로 추정할 수 있다.

이처럼 예상치 못한 결과에 미 정부와 연구진은 황급히 이 실험을 폐쇄했고, 연구결과를 은폐했다는 것이 음모론자들의 주장이다. 또한 이 실험에 사용된 엘드리지호는 전면 보수작업을 거쳐 이탈리아 해군에 인도된 것으로 알려졌다.

시공간 이동을 위한 실험의 결과

●

음모론자들은 미국 정부가 필라델피아 실험의 연구결과를 다시 꺼내 실험을 재개한 것이 바로 몬탁 프로젝트라고 주장한다. 몬탁 해변 인근에는 일찍부터 군사기지가 들어섰다. 인적이 드문 곳인데다 바다를 통해 각종 장비를 들여오기가 쉬웠기 때문이다. 대표적인 것이 바로 캠프 히어로와 몬탁 공군기지로 캠프 히어로에는 1950년대 후반부터 초대형 레이더들이 설치되는 등 레이더 기지가 만들어졌다. 여기에 설치된 레이더는 약 25미터 높이로 안테나 무게만 80톤에 달하는 것으로 알려졌다. 당시 미 정부는 적의 미사일 공격을 감시하는 반자동 방공망의 일환으로 이 레이더 기지를 활용했다.

일부에서는 더욱 급진적인 주장을 하고 있다. 당시 레이더 기지에서는 400~425메가헤르츠 대역의 주파수를 사용했는데, 통상 410~420메가헤르츠 대역의 주파수는 사람의 마음에 영향을 미친다고 한다. 바로 이

필라델피아 실험에 사용된 USS 엘드리지 DE 173 경구축함

때문에 레이더를 이용해 다른 사람의 생각이나 행동을 지배하는 마인드 컨트롤 실험을 시행됐던 것 아니냐는 주장도 나오고 있다.

이곳에서 본격적인 몬탁 프로젝트가 시행된 것은 1980년대였다. 미국은 1970년대 말부터 다양한 형태의 첩보위성을 쏘아 올려 방공망을 구축함으로써 캠프 히어로의 레이더 기지 같은 반자동 방공망이 필요 없게 됐다. 이 때문에 1980년 7월 캠프 히어로의 레이더기지는 철수했고, 1984년에는 뉴욕 주정부 공원관리청에 이관돼 야생복원공원으로 바뀌었다. 하지만 이 정체불명의 야생복원공원은 최근까지도 환경오염 등을 이유로 민간인에게 공개되지 않고 있다.

음모론자들은 바로 이 야생복원공원 밑의 깊은 지하에 D1 베이스로 불리는 초대형 비밀기지가 있다고 주장한다. 또한 몬탁 해변 인근에는 브룩하벤 국립연구소도 있는데, 몬탁 프로젝트의 각종 실험을 주도하는 곳이 바로 이 연구소인 것으로 보고 있다. 이 연구소는 미국 에너지부 산하에 있으며, 각종 물리학 연구를 통해 이미 여섯 명의 노벨상 수상자를 배출하기도 했다.

음모론자들이 주장하는 몬탁 프로젝트의 정체는 바로 D1 베이스에서 이루어지고 있는 필라델피아 실험의 후속 연구이다. 이 후속 연구의 목적은 스텔스 선박 개발이 아니라 공간 이동을 위한 텔레포테이션, 그리고 과거 또는 미래로 사람을 보내는 시간 여행자 실험이다. 만약 필라델피아 실험의 예상치 못한 결과가 사실이었다면 몬탁 프로젝트에서는 이보다 한 단계 업그레이드된 실험이 수행됐을 것이다. 하지만 자기장을 이용하는 공간 이동 현상은 만들어낼 수 있었지만 이를 통제하지 못했기 때문에 몬탁 괴물과 같은 정체불명의 생물체가 출현했다는 게 음모론자들의 주장이다. 동물을 이용한 공간 이동 실험 도중 필라델피아 실험에서와 같은 변형이 일어났는데, 그것이 바로 몬탁 괴물이라는 것이다.

일부에서는 다른 차원이나 우주공간에 있던 생명체가 시공간을 타고 넘어와 연구진도 모르는 주변 바다에 빠지게 됐는데, 이 사체가 바로 몬탁 괴물이라는 다소 비약된 주장도 내놓고 있다.

시간 여행자 티토의 미래 예언

●

또 일부에서는 미래에서 온 시간 여행자 존 티토의 예언과 몬탁 괴물을 연관시키고 있다. 티토는 지난 2000년 11월 2일부터 2001년 3월 24일까지 인터넷을 통해 활동한 사람으로 자신이 2036년의 미래에서 왔다고 주장했다. 즉 1998년 출생해 2036년의 미래에서 군의 명령에 따라 과거로의 여행을 떠났다는 것이다. 그는 자신이 탑승했다는 타임머신과 조종 매뉴얼 사진, 그리고 타임머신의 원리도 등 미래에서 왔다는 증거도 제

캠프 히어로에 설치되어 있는 레이더 안테나

시했다.

　과거로 시간 여행을 한 목적은 2038년 지구를 혼란에 빠트리게 되는 유닉스 버그를 해결하기 위한 것이라고 그는 밝혔다. 유닉스 버그란 일종의 Y2K 문제로, 32비트로 된 유닉스 시간은 1970년 1월 1일부터 2037년까지만 계산할 수 있는데, 이것을 넘어서면 2038년이 아니라 다시 1970년으로 돌아가 버린다는 것이다.

　그는 세계 최초의 노트북 컴퓨터인 IBM 5100을 이용해 이 같은 유닉스 버그를 해결하려고 했으며, 마지막 글에서는 자신의 임무를 완수했기 때문에 미래로 다시 돌아간다고 밝히고 있다. 티토는 지구의 미래에 대해서도 예언했다. 그의 예언에 따르면 2005년을 전후해 미국은 내전 상태에 돌입하며, 2012년에는 환경변화 등 이상한 사건들이 연이어 발생한다. 또한 2015년에는 미국에 대한 러시아의 우발적인 핵공격으로 제3차 세계대전이 발발, 30억 명의 지구인이 사망한다. 대부분의 예언이 맞지 않았지만 2003년 광우병 파동과 이라크 침공, 2005년 발생한 쓰나미 등이 적중했기 때문에 그의 예언은 음모론자들의 주목을 받았다. 특히 티토의 예언을 추종하는 일부 사람들은 몬탁 괴물이 바로 티토가 예언한 지구 종말의 전주곡이라고 주장하고 있다.

베일 속의 프로젝트와 음모론

●

물론 이 같은 주장들은 대부분 음모론의 영역에 속한다. 몬탁 괴물이 발견된 해변 인근에 비밀 지하기지인 D1 베이스가 있다는 것도 음모론일 가능성이 크다. 하지만 확실한 것도 있다. 롱아일랜드에 각종 물리학 연구를 수행하는 국립연구소가 있고, 캠프 히어로 주변이 특별한 이유도 없이 개방되지 않고 있다는 게 바로 그것이다.

한걸음 더 나가 시공간 이동이나 마인드 컨트롤 같은 실험의 존재 가능성도 완전 부인할 수 없다. 이 같은 실험이 성공한다면 군사적 가치가 엄청나기 때문이다. 또한 미국 내란이나 중동 핵전쟁 등 티토의 잘못된 예언도 다른 각도에서 해석할 여지가 있다. 다소 황당하기는 하지만 미래의 미국 정부가 또 다른 시간 여행자를 파견해 미리 막은 결과일 수 있다는 주장을 검증할 수 없기 때문이다.

어쩌면 몬탁 괴물은 바이킹 방식으로 장례가 치러진 미국산 너구리의 사체일 가능성도 있다. 그럼에도 끊임없이 음모론이 확대 재생산되고 있는 것은 베일 속에 가려진 몬탁 프로젝트와의 연관성이 음모론의 좋은 소재가 되기 때문일 것이다.

고고학적 연구를 통해 발굴되는 각종 화석자료에 공룡이나 원시인류만 있는 것은 아니다. 그 자료들 가운데는 현재 인류가 파악하고 있는 문명 이전에 초고대문명이 존재했을 가능성을 보여주는 증거들도 있다. 만일 인류문명 이전에 고도로 발달한 초고대문명이 존재했다면 이 문명은 왜 갑자기 사라져버린 것일까.

인도의 경전 《리그베다Rigveda》에는 태양이 1만 개 모인 것 같은 빛의 기둥, 연못의 물이 증발하고 뜨거운 열기에 타버린 나무와 병사들이 등장한다. 또한 무서운 바람과 흔들리는 태양, 머리카락이나 손톱이 빠져버린 사체 등의 기록도 있다. 이러한 기록을 합치면 핵폭발로 인한 초고온 열선과 열 폭풍, 그리고 방사능 오염처럼 현대의 핵전쟁과 비슷한 양상이 나타난다. 음모론자들은 핵전쟁에서 그 이유를 찾고 있다. 《리그베다》의 내용 등을 근거로 초고대문명이 핵전쟁으로 인해 사라졌다는 주장을 하고 있는 것이다.

초고도문명을 이룩한 인류는?

●

지질학자와 천문학자들은 지구의 나이를 45억 년으로 추정하고 있다. 지구가 탄생한 이후 45억 년이라는 장대한 세월을 거치며 수많은 생물종이 나타나고 또 사라져 갔다. 현재 지구를 지배하고 있는 인류의 기원은 200만 년 전에 불과하다. 진화론을 토대로 보면 인류의 직립보행은 350만 년 전으로 추정된다. 하지만 문명적인 측면에서 보면 200만 년 전에 도구를 사용하며 구석기문명을 세웠던 호모 하빌리스Homo Habilis를 기점으로 잡는 것이 일반적이다. 또한 인류가 문자를 사용하며 문명을 건설한 것은 길게 잡아도 6000년 전으로 추정되고 있다.

그렇다면 인류는 약 6000년 정도밖에 안 되는 짧은 기간에 지구를 벗어나 우주의 다른 행성을 탐험할 수 있는 과학문명을 이룩한 셈이다. 반면 인류와 공동의 조상을 갖고 있는 것으로 평가되는 원숭이는 아직도 나무 사이를 뛰어다니며 나무 열매를 주식으로 삼고 있다.

45억 년의 역사를 가진 지구에 현재의 인류문명 이외의 문명은 존재하지 않았을까. 또한 인류는 다른 생명체와 비교해 지나치게 빠른 진화, 그리고 단기간에 고도의 문명을 이룩했는데, 이 같은 힘은 어디에서 비롯된 것일까. 이 같은 의문들에 대한 가설 중 하나가 바로 초고대문명이다. 현재의 인류문명 이전에 고도로 발달한 초고대문명이 존재했었다는 것이다. 일부에서는 초고대문명이 외계 생명체의 영향을 받았으며, 인류의 빠른 진화 및 문명 건설 역시 한 다리 건넌 외계 생명체의 영향이었다고 주장한다.

다시 말해 현재의 인류문명 이전에 고도로 발달한 초고대문명이 존재했으며, 사라진 대륙 아틀란티스와 이집트의 피라미드 등 미스터리한 문명의 흔적들이 바로 초고대문명이 건설했거나 초고대문명의 잔재라는 것이다. 실제로 하늘에서만 전체 모습을 볼 수 있는 나스카의 거대한 그림들과 남극대륙을 표현한 지도, 그리고 마야문명에서 나타나는 우주비행사의 모습과 유사한 조각물 등 초고대문명을 상정해볼 수 있는 증거들은 적지 않다.

그런데 초고대문명이 존재했었다는 가설을 인정하면 곧바로 다른 의문이 제기된다. 초고대문명이 갑자기 사라진 이유가 무엇이냐 하는 것이다. 일부는 소행성 충돌 또는 급격한 기후 변화를 꼽지만 핵전쟁 때문이라는 주장도 제기되고 있다.

고대 원자로의 흔적이 남아 있는 오클로 광산

●

프랑스는 에너지의 상당 부분을 원자력 발전에 의존하고 있다. 실제 프랑스는 60개에 달하는 원자력발전소를 가동하고 있으며, 미국에 이어

페루 중남부 안데스 산맥에 있는
잉카문명의 고대 도시 마추픽추

세계 2위의 원자력 기술을 보유하고 있다. 지난 1972년 프랑스 정부는 아프리카 가봉 공화국의 오클로라는 우라늄 광산에 대한 조사를 진행했는데, 이 역시 자국의 원자력 발전용 연료를 확보하기 위한 것이었다.

그런데 오클로 광산에는 거대한 원자로를 가동했던 것과 같은 흔적이 남아 있었다. 채굴된 우라늄 광석의 순도를 살펴본 결과 원자력발전소에서 사용하고 남은 핵연료 폐기물과 같은 상태였다는 것이다. 일반적으로 우라늄 광석에는 우라늄 235와 우라늄 238의 두 가지 성분이 존재한다. 이 가운데 우라늄 235는 바로 핵연료로 쓰거나 더욱 농축해 사용한다. 반면 우라늄 238은 주로 원자력발전소에서 사용하고 남은 핵연료에 많이 분포하는 성분으로, 여기에 중성자를 쪼이면 플루토늄 239로 변환을 일으킨다.

처음 있던 양이 절반으로 줄어드는 기간을 의미하는 반감기의 경우 우라늄 235는 7억 년, 우라늄 238은 45억 년이다. 과학자들은 지구가 탄생한 지 얼마 안 되던 시점에는 우라늄 235의 비율이 20퍼센트 이상으로 훨씬 높았고, 오클로 광산이 형성된 시점인 18억 년 전에는 우라늄 235의 비율이 3퍼센트 정도였을 것으로 추정하고 있다.

오클로 광산의 우라늄 광석에 우라늄 235의 비중이 적고, 우라늄 238의 양이 많다는 것은 이곳에서 원자력발전소와 같은 핵분열이 일어났다는 의미일 수도 있다는 게 과학자들의 견해다. 물론 과학자들은 오클로 광산이 매우 드문 현상이기는 하지만 자연 상태에서 원자로와 같은 핵분열 현상이 발생한 것으로 분석했다.

연구결과 오클로 광산의 알루미늄 광석에 있는 알루미늄 인산원자들이 방사성 물질을 둘러싸서 외부로 방출되지 않도록 했으며, 광산 주변의 지하수가 천연 냉각수 역할을 했기 때문에 자연적인 핵분열이 느리게 진행된 것으로 밝혀졌다. 현재 가동되는 원자력발전소에서는 밀폐된 원자로에서 핵분열이 일어나고, 중수 또는 경수 등의 냉각수를 이용해 핵분열 속도를 느리게 조절함으로써 안전하게 전기를 생산한다. 만약 핵분열 속도를 조절하지 못해 급격히 진행된다면 바로 핵폭탄이 되는 셈이다. 수년 전 국제원자력기구IAEA에서는 오클로 광산의 이 같은 현상을 '오클로 현상' 이라고 부르며, 천연방사성 폐기물 처리장의 새로운 기술적 모델이 될 수 있다고 밝혔다.

하지만 음모론자들은 오클로 현상이 과학적으로 완전히 해석된 것은 아니며, 바로 초고대문명이 건설했던 고대 원자로의 흔적이라고 주장하고 있다. 즉 초고대문명은 우라늄 광석이 많은 이 지역에서 현재의 원자력 기술보다 안전한 형태의 원자로를 가동했으며, 동시에 핵무기도 보유했을 것이라는 가설을 내놓은 것이다. 그리고 이 핵무기를 이용해 다른

우라늄 238의 양이 많아 원자력발전소와 같은 핵분열이 있었다는 의혹을 받는 오클로 광산

국가를 공격했거나 적절한 통제를 못해 멸망했다는 것이다. 이 가설에 근거하면 초고대문명의 갑작스러운 붕괴와 사라진 아틀란티스 대륙에 대한 설명도 가능하다. 아틀란티스 대륙과 관련하여 플라톤은 대서양 지역에서 고도로 발달된 문명이 꽃피었지만 자신이 살던 시대보다 9000년 전에 흔적도 없이 사라져버렸다고 전했다.

현대의 핵전쟁과 유사한 고대의 전쟁기록

●

BC 1000년경 기록된 인도의 경전 《마하바라타 Mahabharata》는 바라타족의 전쟁을 이야기하는 대서사시이며, 또 다른 경전인 《리그베다》에는 현대의 핵전쟁과 유사한 전쟁기록이 남겨져 있다. 여기에는 태양이 1만 개 모인 것 같은 빛의 기둥, 연못의 물이 증발하고 뜨거운 열기에 타버린 나

고온의 열로 녹은 흔적이 있는 고대도시 모헨조다로의 유적지

무와 병사들이 등장한다. 또한 무서운 바람과 흔들리는 태양, 머리카락이나 손톱이 빠져버린 사체 등의 기록도 나온다. 이러한 기록을 종합해보면 핵폭발로 인한 초고온 열선과 열 폭풍, 그리고 방사능 오염 등 현대의 핵전쟁과 비슷한 양상이 나타난다.

또한 고대도시 모헨조다로의 유적지에서 발굴된 46구의 유골은 순식간에 죽음을 맞이한 것으로 조사됐는데, 이중 9구의 유골은 고온에 가열된 흔적이 남아 있다. 특히 이곳의 주변지역에서 발견된 검은 유리질의 테크사이트는 돌이나 모래속의 유리질이 고온의 열로 인해 녹아 생성된 물질이다. 이밖에 녹아내린 벽돌, 순식간의 고온 열기로 구부러지거나 기포가 섞인 채 유리화된 옹기의 파편 등도 발견됐다. 일반적으로 이 같은 흔적들은 화산활동 지역에서 발견되는 것들이지만 모헨조다로가 있는 인더스 강 유역은 대규모 화산활동의 흔적이 발견되지 않는 곳이다. 로마 과학대학의 화산학자 브루노 디 사바티노Bruno Di Sabatino 교수와 암석학연구소의 암레토 플라미니Amleto Flamini 교수는 이들 유적이 1000~1500도의 고온으로 단시간에 가열된 것 같다는 결론을 내렸다.

이와 관련하여 미국의 천체물리학자 브라이언 토마스Bryan Thomas 박사팀은 2009년 4월 과학저널인 《우주생물학지Astrobiology Magazine》에 발표한 논문을 통해 4억8800만~4억4300만 년 전인 고생대 오르도비스기에 감마선 폭발이 일어났을 확률이 높다고 주장했다. 이 감마선 폭발로 인해 고생대 해양생물체의 70퍼센트가 멸종되는 등 지구 대멸종이 발생했다는 것이다. 토마스 박사팀은 이어 이 같은 감마선 폭발은 지구에서 약 6500광년 떨어진 항성에서 발생한 것이라고 분석했다. 이 감마선 폭발이 멀리 떨어져 있는 지구의 생태계를 파괴했다는 것이다. 물론 감마선은 먼 항성의 폭발로 인해 발생할 수 있다. 그런데 감마선은 핵폭발로 인

해 방출되는 것이기도 하다. 먼 항성이 아닌 지구 대기권 내에서 핵폭발
이 일어난다면 이와 유사한 상황이 벌어질 수 있는 것이다.

초고대문명과 관련된 각종 근거

●

현재 기록된 인류의 역사는 6000년에 불과하다. 하지만 바빌로니아의
태음력과 이집트 태양력의 시작은 기원전 1만1542년에 맞춰져 있고, 인
도의 달력은 기원전 1만1652년부터 시작된다. 초고대문명의 존재 가능
성을 엿볼 수 있는 대목이다.

또한 인도에는 흑(黑)파고다라는 이름의 사원이 있는데, 높이가 75미

인도의 흑(黑)파고다 사원

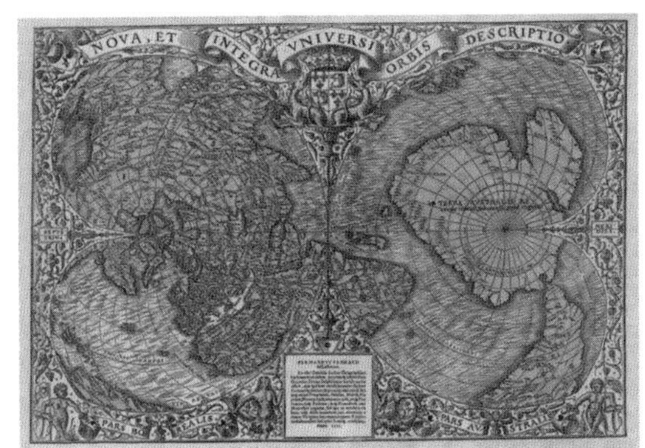

1532년에 제작된
오론티 피나우스의 지도

터인 이 사원의 지붕은 2000톤이 넘는 돌로 만들어져 있다. 이 같은 무게의 돌을 들어 올리려면 현재의 기중기보다 열 배 이상의 힘이 필요하다. 특히 1532년에 제작된 '오론티 피나우스의 지도'에는 남극대륙이 그려져 있는데, 남극대륙은 BC 4000년경부터 얼음에 뒤덮인 것으로 분석되기 때문에 이 지도의 원본은 남극대륙이 얼음에 뒤덮이기 전에 제작됐을 가능성이 크다. 즉 BC 4000년 이전에 제작된 지도의 원본을 보고 오론티가 복사했을 가능성이 크다는 것이다.

고대 수메르의 유적인 셀레우키아의 폐허에서는 고고학자들이 높이

호모 하빌리스Homo Habilis

약 150만 년 전 홍적세에 살았던 '손재주 좋은 사람'을 의미하는 화석인류. 1964년 영국의 고고학자 루이스 리키(Louis Leakey) 부부에 의해 동아프리카의 탕가니카에서 발견되었다. 키 약 130~150센티미터에 뇌 용량 약 600~750시시의 호모 하빌리스의 팔다리뼈를 보면 이들이 두 발로 능숙하게 걸어다녔으며 정확한 손놀림으로 도구를 다룰 수 있었음을 알 수 있다. 화석과 함께 발견되는 조악한 도구를 보면 석기를 사용한 것으로 보인다.

10센티미터의 점토로 만든 작은 그릇을 발견했다. 그런데 이 그릇 속에는 산성에 의해 부식된 철제 전극과 납땜으로 용접된 구리로 만든 실린더가 들어 있었다. 이는 현대의 배터리와 유사한 구조였다. 또한 콜롬비아 보고타의 한 무덤 유적에서는 삼각날개를 가진 비행기 형태의 황금 공예품이 발견됐으며, 고대 이집트에서는 글라이더 모형이 발견되기도 했다. 이 같은 흔적들은 초고대문명이 존재했지만 현재의 과학지식으로는 찾아내지 못한 것이라는 가설을 가능케 한다.

물론 초고대문명이 존재하지 않았을 수도 있다. 특히 초고대문명이 핵전쟁으로 인해 사라졌다는 주장은 더욱 황당하게 들릴지도 모른다. 그럼에도 초고대문명이 핵전쟁으로 한순간에 사라졌고, 이로 인해 그 흔적을 찾아볼 수 없게 되었다는 주장은 여전히 설득력을 가진 채 회자되고 있다.

물건도 사람도 흔적 없이 사라진다
—베니싱

어느 날 갑자기 당신이 아끼던 물건이, 심지어 가족이나 친구가 사라진 다면 어떨까. 뚜렷한 이유도 없이 마치 땅으로 꺼지거나 공중으로 솟은 듯 순식간에 종적을 감춰버린다면? 이처럼 기이한 일을 '베니싱 현상 vanishing effect' 이라고 하는데, 이것은 결코 SF영화에나 등장하는 황당한 에피소드가 아니다. 적지 않은 사례가 세계 각지에서 보고되고 있다. 그러니 방심은 금물이다. 언제 어디선가 당신도 감쪽같이 사라질 수 있다.

미국 미시간 주 디트로이트 7번가. 이곳에 살고 있던 모든 사람이 한 날한시에 사라졌다. 마치 종말을 맞은 황폐한 도시처럼 거리에는 주인을 잃은 집들과 자동차만이 덩그러니 남았다. 이것은 2010년 개봉한 영화 〈베니싱〉의 한 장면이다. 영화에서 사람들을 집어삼킨 범인은 다름 아 닌 어둠이었다. 정전이 도시를 뒤덮은 후 모두가 사라져버린 것이다. 촛 불을 켜놓고 잔 덕분에 정체모를 어둠의 공격에서 살아남은 주인공 루크 는 같은 처지에 놓인 몇몇 동료들과 불씨를 지키기 위해 처절한 사투를

브래드 앤더슨 감독의 〈베니싱〉의 한 장면

벌인다. 결과는 어떻게 됐을까. 무시무시한 어둠에 맞서 승리를 거둔 이
는 결국 아무도 없었다.

로어노크 섬의 미스터리

●

시나리오 작가의 상상력에 기반을 둔 영화의 스토리일 뿐이라고 생각하
면 오산이다. 섬뜩하게도 이 영화는 실화를 바탕으로 만들어졌다. 베니
싱 현상에 대해 잘 알지 못하는 사람이라도 한번쯤 들어봤을 법한 미스
터리의 대명사 '로어노크 섬 사건' 이 바로 그 모티브였다.

로어노크 섬은 현재의 미국 노스캐롤라이나 주 동쪽 데어 카운티 지역
에 위치한 영국의 첫번째 식민지였다. 1585년을 전후해 몇 년간 여러 무
리들이 이곳의 개척을 시도했지만 모두 실패로 끝났다. 당시 마지막까지
섬에 남은 정착민들은 110여 명 정도였는데 그들은 1585년 영국과 스페

인의 전쟁이 발발하면서 식량과 물품을 전혀 보급받지 못했다.

식민지 지도를 그리는 아마추어 화가로 시작해 식민지 총독 자리에 오른 영국인 존 화이트John White는 물자 조달을 위해 영국으로 건너갔다가 발이 묶여 몇 년 만에 가까스로 섬을 다시 찾아왔다. 그때 그는 도무지 이해할 수 없는 광경을 목격하게 된다. 정착민들이 모조리 사라져버린 것이다. 사라진 사람들 중에는 화이트의 딸 가족도 포함돼 있었다.

이들은 어디로 간 것일까. 영화에서처럼 어둠이 삼켜버리기라도 한 걸까. 현장에는 한 가지 단서가 남아 있었다. 참나무 기둥에 새겨진 '크로아토안croatoan' 이라는 단어가 그것이었는데, 이는 원주민들의 언어로 인근의 한 섬을 가리키는 말이었다고 한다. 미국의 교양서 작가 로라 리Luara Lee의 《세계사 캐스터》에 따르면, 당시 화이트는 정착민들이 원주민들과 함께 살기 위해 크로아토안 섬으로 갔다고 여겼다. 그리고 딸과 사위, 손녀를 찾기 위해 그곳으로 떠날 채비를 했지만 거센 폭풍이 몰려와 탐험대가 타고 있던 배가 절단이 나버렸다.

그 후 로어노크 섬 정착민의 행방불명은 지금까지 영구미제 사건이자 불멸의 미스터리로 남아 있다. 정착민들이 실제로 크로아토안 섬으로 갔는지, 원주민들의 공격을 받고 살해됐는지, 혹은 초자연적 힘에 의해 희생된 것인지 온갖 설들만 분분할 뿐 학자들은 아직도 이렇다 할 설명을

로어노크 섬 미스터리의 단서가 되는 참나무 기둥에 새겨진 '크로아토안' 이라는 단어는 미스터리 영화에 많이 이용되고 있다.

내놓지 못하고 있다.

의문의 집단실종은 이것 말고도 또 전해진다. 로어노크 섬 사건과 함께 베니싱 현상의 대표로 꼽히는 사례만 다섯 건이나 되는데, 네티즌들은 이를 가리켜 ‘5대 베니싱 미스터리’라 부른다.

5대 베니싱 미스터리

●

첫번째 사건은 1930년 캐나다 북부 로키산맥에서 일어났다. 그곳에 살던 27명의 에스키모 원주민들이 사라져버린 것이다. 한 사냥꾼이 우연히 에스키모 마을을 발견했는데 마을 전체가 텅 비어 있었다. 음식이 가득 든 냄비, 바느질을 하다 놓아둔 옷가지, 에스키모인들의 배가 그대로 놓인 채 말이다. 심지어 썰매조차 제자리에 있었다. 로키산맥의 특성상 썰매 없이 어딘가로 이동하기란 사실상 불가능함에도 주민들은 모습을 감춘 뒤 다시 돌아오지 않았고 주변 지역 어디에서도 흔적을 찾지 못했다.

그로부터 10년이 흐른 1940년에는 이보다 더 기이한 상황이 벌어졌다. 미국 버지니아 주 노퍽 해군기지에서 출항한 군함과 45명의 승무원들이 한꺼번에 사라져버렸다. 출항 5시간여 만에 난데없이 무전이 끊기며 종적을 감춘 것이다. 놀랍게도 군함은 그날 저녁 수백 년이 지난 것처럼 낡고 녹슨 모습으로 노퍽 항에 나타났고 승무원들은 모두 죽어서 뼈만 남은 상태였다고 한다.

제2차 세계대전 직후인 1945년에도 이와 유사한 사건이 일어났다. 독일에서 브라질로 향하던 샌디에이고 항공기가 대서양에서 실종됐고 다른 사례들과 마찬가지로 어디에서도 흔적이 발견되지 않았다. 그런데 1980년 브라질 포르투알레그레 상공을 선회하는 항공기가 포착됐다. 관제탑과의 교신도 없이 착륙한 그 항공기는 35년 전 실종됐던 것으로 드러났다.

이 가운데 군함과 항공기 실종 사건의 경우 기상천외하고 선정적인 뉴스를 전문적으로 보도하는 타블로이드 신문이 그 출처여서 다소 신빙성이 떨어지지만 버뮤다 삼각지대가 방증하듯 항공기와 선박의 미스터리한 실종 사례는 적지 않다. 이 사건들은 하나같이 상식적으로는 이해가 불가능하기 때문에 초자연적 존재와 얽혀 해석되는 경향이 많다. 가장 흔한 것이 바로 외계인으로, 고도의 과학기술 문명을 가진 외계 지적생명체가 존재한다면 이런 불가사의한 일도 충분히 해낼 수 있다는 추측이 그 바탕에 깔려 있다. 이를 지지하는 사람들은 베니싱 현상을 외계인에 의한 인간 납치 사건으로 규정한다.

2010년 개봉한 〈포스카인드〉는 실제 일어난 사건을 소재로 삼아 외계인의 인간 납치를 다루면서 화제를 불러일으킨 바 있다. 이 영화의 단초가 된 사건은 미국 알래스카의 작은 마을인 놈에서 벌어졌다. 이 마을에는 1960년대부터 40여 년간 전체 주민의 30퍼센트에 해당하는 1200여 명이 사라졌다. 수사를 위해 FBI까지 동원됐지만 뚜렷한 증거가 발견되지 않은 가운데 애비게일 타일러라는 심리학자가 외계인에 의한 인간 납치라는 주장을 펼쳤다.

이게 사실이라면 납치의 목적은 무엇일까. 생체실험을 통해 어떤 정보를 얻고자 한다는 추정이 가장 일반적이다. 외계인에게 납치당했다고 주장하는 많은 사람들이 얼굴, 손, 발, 다리 등에 이상한 전자 칩을 이식당했다고 말하는 것과 일맥상통한다. 전자 칩의 실체가 지구에 존재하지 않는 물질임을 알아챈 FBI가 과학자들에게 함구령을 내렸다는 설이 전해지기도 하지만 아직은 음모론에 불과하다.

어쨌든 베니싱 현상을 외계인 납치와 연결시켜 해석하는 것은 일견 그 럴듯해 보인다. 그러나 이는 어디까지나 외계인의 존재를 믿는 오컬트 마니아들의 담론일 뿐 주류 학계는 베니싱 현상이나 외계인 납치 자체를 인정하지 않는다. 누군가 그럴듯하게 꾸며낸 허구이거나 사소한 사실이 확대·과장됐다고 보는 것이다.

공간이동과 양자역학

●

그렇다고 베니싱 현상에 접근할 수 있는 과학적 근거가 아예 전무한 것 은 아니다. 과학적 관점에서 보면 '공간이동(텔레포트)'의 개념으로 해 석이 가능하다. 서로 다른 시공간을 잇는 웜홀worm hole에 빠져 미지의 먼 우주로 이동한 것이라는 얘기다. 하지만 주지하다시피 웜홀을 통한 여행(?)은 이론적으로만 가능하다. 블랙홀black hole의 회전에 의해 생성 되는 웜홀은 블랙홀의 기조력 때문에 그 속에 진입한 모든 물체가 산산 조각날 수밖에 없다. 웜홀의 출구격인 화이트홀white hole의 존재도 확인 된 바 없다.

외계인의 인간 납치를 다룬 영화 〈포스카인드〉의 한 장면

그럼에도 불구하고 지구라는 공간은 우리의 생각 이상으로 신비한 장소다. 공간이동을 경험했다는 사례들도 곳곳에서 드러나는데 아르헨티나의 한 부부도 그 실례다. 1968년 이 부부는 친구의 자동차 앞에서 운전하며 고속도로를 달리고 있었는데 시내를 통과하는 순간 갑자기 차량이 사라졌다. 뒤따르던 친구 부부의 신고로 경찰이 대대적인 수색에 나섰으나 증발한 것처럼 어디에서도 흔적을 찾을 수 없었다. 그 시간 사라진 부부가 나타난 곳은 엉뚱하게도 실종장소로부터 7000킬로미터나 떨어진 멕시코시티였다. 갑작스레 나타난 안개를 통과하던 중 정신을 잃었고, 깨어나 보니 멕시코시티였다는 게 부부의 설명이었다. 열차나 선박으로 이동해도 족히 이틀 이상 걸리는 거리를 순간이동한 셈이다.

사실 공간이동은 일찍이 다양한 방식으로 검증이 시도됐다. 공간이동이 물리적으로 가능하다는 것을 입증해낸 사람도 있는데, 1993년 미국의 과학자 찰스 베네트Charles Bennett 박사가 그 주인공이다. 그의 가설에는 양자이론이 적용됐다. 양자이론의 기본개념인 ‘얽힘 현상entanglement’에 의하면 얽혀 있는 두 입자는 그 중 어느 것을 측정하든 같은 특성을 띠게 된다. 이 같은 성질을 활용하면 입자의 특성을 측정하지 않고도 공간이동이 가능하다는 것이 그의 주장이다.

이 논리는 1997년 오스트리아 인스브루크대학 안톤 차일링거Anton Zeilinger 교수 연구팀 등에 의해 수차례 실험으로 입증됐다. 당시 차일링거 교수팀은 한 지점에 있던 빛을 제거한 후 1킬로미터 떨어진 곳에서 이와 똑같은 빛을 재생하는 실험에 성공했다. 빛의 기본단위인 광자가 지닌 주요 물리적 특성 정보를 다른 광자들에게 고스란히 복사해내 빛의 공간이동을 실현한 것이다. 이러한 결과는 적어도 공간이동이라는 개념 자체가 터무니없는 상상의 산물만은 아님을 말해준다.

베니싱 현상을 웜홀에 빠져 미지의 먼 우주로 이동한 것이라고 보는 과학적 견해도 있다.

물론 늘 그렇듯 대상이 사람일 때는 얘기가 확연히 달라진다. 위의 논리대로 사람의 공간이동을 실현하려면 그 사람을 구성하고 있는 모든 원자에 대한 정보를 정확히 파악하여 완벽히 재조합할 수 있어야 하지만 이는 불가능하다. 게다가 사람은 물건과 달리 정신을 갖고 있는데 정신을 이동시킬 방법은 현재 없다.

그렇다면 아르헨티나 부부의 사례는 무엇이란 말인가. 결국 아직 공간이동의 해법은 완벽히 밝혀지지 않았고 베니싱 현상 역시 이와 처지가 다르지 않다. 그것을 설명할 수 있는 과학적 근거는 없다고 단정해도 무리가 아니다.

과학적 접근

5대 베니싱 미스터리 중 마지막은 앞서 잠깐 언급된 버뮤다 삼각지대다.

미국 마이애미와 북대서양의 버뮤다제도, 그리고 푸에르토리코를 잇는 이 삼각형의 해역에서는 200여 년간 의문의 실종사고가 잇따라 대중적으로 가장 잘 알려진 미스터리 담론 가운데 하나가 됐다. 이곳에서는 소형선박은 물론 1만 톤급 이상의 대형 화물선과 군함, 심지어 비행기까지 연기처럼 사라지는 일이 발생했다. 시신이나 잔해조차 발견되지 않는 사례가 많아 온갖 설들이 난무하고 있는 실정이지만 학계에서는 이에 대한 해석의 끈을 놓지 않고 있다.

일례로 2010년 호주 멜버른에 있는 모내시대학의 조지프 모나건^{Joseph Monaghan} 교수팀은 버뮤다 삼각지대에서의 잇단 실종이 메탄가스로 인한

베니싱 트윈vanishing twin

임산부의 뱃속에서도 베니싱 현상이 나타난다면 믿을 수 있을까. 실제로 쌍둥이 중 한 명이 복중에서 사라지는 일이 있는데, 이를 '베니싱 트윈'이라 한다. 우리말로 '쌍둥이 소실' 정도가 될 베니싱 트윈은 쌍둥이가 태어날 확률이 매우 낮음을 증명하는 하나의 가설이다. 최근 들어 보조생식술의 발달로 배란유도체를 사용하여 한꺼번에 다수의 난자를 발생시키거나 여러 개의 배아를 이식함으로써 쌍둥이 출산율이 높아진 추세지만 일반적으로 쌍둥이 출산 비율은 80번의 임신 중 1회꼴로 희박하다.

베니싱 트윈 현상을 거론한 대표적 인물은 독일계 미국인 병리학자 커트 베니르쉬케(Kurt Benirschke) 박사다. 그는 쌍둥이를 임신할 경우 85퍼센트 정도가 자궁 속으로 사라져버리고 사라지지 않을 때에만 쌍둥이로 태어난다고 주장했다. 일례로 1989년 엘리자베스라는 여성은 처음 X-선을 촬영했을 당시에는 쌍둥이 임신이 확인됐지만 출산 이전 한 명이 뱃속에서 사라졌다.

베니르쉬케 박사를 비롯한 몇몇 학자들은 베니싱 트윈을 '약육강식의 법칙'으로 해석한다. 두 명의 태아가 영양분을 나누는 대신 더 강한 한 명이 독식하기 위한 일종의 열성인자 자연도태의 산물이라는 것이다. 전문가들은 이렇게 도태된 개체가 살아남은 개체나 자궁 내부로 흡수된다고 본다. 특히 심리학자들은 베니싱 트윈을 거쳐 살아남은 개체는 자궁 속에서 형제를 잃은 슬픈 경험을 안고 있어 그 영향이 무의식적으로 나타날 수 있다고 말한다. 그들은 다중인격, 우울증 등의 정서적 결함을 예로 드는데, 일각에서는 왼손잡이, 동성애 등을 베니싱 트윈과 연결시키기도 한다.

그러나 베니싱 트윈의 정확한 원인은 아직 밝혀지지 않았다. 그리고 실제로 이를 경험한 임산부에게서도 별다른 정신적·신체적 징후가 나타나지는 않는다고 한다.

자연현상 때문이라는 내용의 논문을 발표했다. 해저에서 형성된 거대한 메탄 거품이 선박 침몰과 항공기 추락을 유발했다는 게 주요 골자다. 연구팀은 버뮤다 삼각지대 인근 해저를 조사한 결과, 엄청난 양의 메탄가스가 고압 환경에서 얼음 형태로 존재한다는 사실을 밝혀냈다. 또 메탄가스가 뿜어져 나왔을지 모를 분화구의 흔적도 발견했다. 해저 틈새에서 메탄 거품이 발생했다면 수면에 이르러 어마어마하게 팽창했을 것이므로 거품 안으로 진입한 선박은 부력을 잃고 침몰하게 된다는 설명이다. 항공기의 경우에는 가연성 메탄가스 때문에 엔진에 불이 붙어 추락할 수 있다고 분석했다.

그러나 다른 한편에서는 실종자 대부분이 비행 경험이 없는 훈련병이거나 실종된 항공기가 기계적 결함을 지니고 있었다는 사실 등을 들어 그저 우연한 사고일 뿐이라고 치부하기도 한다. 하지만 이 모든 주장도 한 가지만큼은 명쾌하게 설명하지 못한다. 다수의 선박과 항공기가 어떤 잔해도 남기지 않고 완벽히 사라져버린 이유가 그것이다.

실제로 버뮤다 삼각지대를 둘러싼 해석을 통해 베니싱 현상의 전모를 설명하기에는 많은 부분에서 부족함이 엿보인다. 결과적으로 베니싱 현상은 앞으로도 미스터리의 범주에서 호사가들의 입에 오르내릴 개연성이 높다. 실체가 속 시원히 밝혀지기 전까지는 결단코 과학의 레이더망을 벗어날 수 없을 테지만 말이다.

지구온난화로 새로운 지질시대가 도래한다

2004년 개봉된 영화 〈투모로우Tomorrow〉에는 뉴욕 등 미국 동부지역이 빙하에 뒤덮여 인류의 종말이 다가온다는 설정이 있었다. 지구온난화로 북극의 빙하가 녹으면 적도지방과 극지방의 해수 온도 차이가 줄어들어 해류 이동이 중단되고, 그 결과 적도지방의 열이 극지방으로 발산되지 못해 적도지방은 더 뜨거워지고 극지방은 더 차가워진다는 점에 착안한 것이다. 과연 이 같은 빙하기는 도래할 것인가?

지금까지 과학자들이 수행한 연구결과에 따르면 이는 충분히 가능한 것으로 추론되고 있다. 지구온난화로 극지방의 빙하가 녹으면 지구의 열 이동을 담당하는 해양 대순환이 한꺼번에 차단될 가능성이 충분하기 때문이다. 다만 일부 과학자들 사이에서는 현재 진행 중인 지구온난화가 과연 해양 대순환을 멈추게 할 정도로 급격히 진행되고 있는가 하는 점에 대해 논란이 계속되고 있다.

1만5000년 후 빙하기 도래

●

사실 인류가 살고 있는 지금은 약 200만 년 전부터 시작된 빙하기 사이에 낀 간빙기에 지나지 않는다. 즉 현재의 지질시대는 신생대 내에서 제4기 홍적세의 빙하기를 거친 충적세에 해당한다는 것이다. 홍적세는 약 200만 년 전 시작돼 1만 년 전 끝난 시기로 지금까지의 연구에 의하면 크게 4회의 빙하기와 이들 사이의 간빙기가 있었다. 이 마지막 빙하기 이후인 약 1만 년 전부터 시작된 간빙기를 충적세라고 부르는데, 이때 비로소 인류의 직접적 조상이라는 호모 사피엔스Homo sapiens가 출현했다.

이런 관점에서 보면 앞으로 빙하기의 도래는 어쩌면 당연한 수순일지도 모른다. 문제의 핵심은 현재 진행 중인 지구온난화가 이 같은 빙하기를 앞당길 것인가 하는 점이다. 만약 지구온난화로 빙하기가 더 일찍 다가온다면 이는 인류가 지구의 지질학적 역사에 영향을 미치는 최초의 대사건이 될 것이란 게 과학자들의 전망이다.

약 45억 년의 역사를 가진 지구상에서 인간의 인위적인 활동이 지구에 영향을 끼친 적은 지금까지 한 번도 없었다. 인류는 지금까지 다른 동식물과 마찬가지로 자연계의 일부로서 지구의 변화에 수동적으로 적응하는 존재에 지나지 않았다. 이와 관련하여 최근 지질학

롤랜드 에머리히 감독의 〈투모로우〉(2004)의 한 장면

계의 가장 큰 관심사 중 하나는, 지구상에 인류가 출현한 이후의 활동이 지표상에 어떤 변화를 일으키고 지구의 기후 변화에 어떤 영향을 끼치고 있는가 하는 점이다. 지구온난화로 인한 빙하기의 조기 도래를 주장하는 과학자들은 가장 유력한 시기로 1만5000년 후를 꼽고 있다. 그 증거는 지난 2004년 남극에서 채취한 길이 3킬로미터의 빙하코어를 분석한 결과다. 당시 유럽 남극빙하프로젝트 팀이《네이처》에 발표한 바에 따르면 빙하기는 약 10만 년마다, 더 짧은 빙하기는 4만 년마다 반복되었다. 기후의 한온(寒溫)을 기준으로 하면 빙하기의 주기적인 반복은 더욱 짧아질 수 있다.

연구팀은 이 같은 분석을 근거로 현재 간빙기가 1만 년쯤 계속되고 있으므로 과거의 패턴을 따른다면 1만5000년 뒤쯤 빙하기가 닥칠 것이라고 예측했다. 물론 새로운 빙하기의 도래에는 지구온난화 등 기후 변화의 정도와 속도가 큰 영향을 미치게 될 것이다.

밀란코비치 주기

4만 년마다 반복되는 짧은 빙하기를 밀란코비치 주기Milankovitch cycle 라고 부르는데, 이 같은 명칭은 이를 발견한 유고슬라비아 밀루틴 밀란코비치 Milutin Milankovitch의 이름을 딴 것이다. 밀란코비치 주기는 지구 자전축의 주기적인 변화, 즉 세차운동(歲差運動)이 결정적인 원인이다. 과학자들은 23.5도 기울어져 자전하는 지구 자전축의 기울기가 그냥 고정돼 있는 것이 아니라 4만 년을 주기로 팽이가 돌 듯 비틀거리면서 이동하여 세차운동이 일어난다고 설명한다.

여기에는 기후 변화도 영향을 미치는데, 기후 변화로 빙하기가 앞당겨질 수 있다고 주장하는 학자들은 이를 증명할 결정적인 사례가 과거에도 몇 차례 있었다고 말한다. 이들에 따르면 약 43만 년 전, 즉 신생대 제4기 홍적세 중기에 있었던 간빙기는 기온과 대기 중 이산화탄소의 비중이 지금과 매우 유사했으며 그 시기가 2만8000년간 지속됐다. 그런데 이 시기에 예기치 않은 기후 변화에 의해 간빙기가 극도로 짧아지는 현상이 벌어졌다.

제3차 빙하기가 끝나고 지구가 다시 따뜻해지자 빙하가 점점 극지방으로 물러가면서 북미지역에 캐나다 면적의 3분의 1 크기의 거대한 빙하 호수가 생겨났다. 그런데 이 호수 주변의 빙하가 한꺼번에 녹으면서 엄청난 양의 물이 빠르게 대서양으로 유입됐다. 그 결과 해양 대순환이 갑자기 작동을 정지했다. 지구온난화에 의해 극지방의 빙하가 빠르게 녹아 해양 대순환의 정지가 우려되는 현재와 매우 유사한 상황이었다. 이 사건으로 지구가 간빙기에서 새로운 빙하기로 접어든 시간의 간격이 길게는 수천 년에서 짧게는 수백 년이나 짧아졌다. 또 다른 예는 고생대 말기인 페름기에서도 찾아볼 수 있다. 이 시기는 지구 역사상 세번째 생물 대멸종Mass extinction 시기이자 가장 큰 멸종이 있었던 때다. 당시 지구 위를 덮고 있던 양치식물을 비롯해 그때까지 진화를 거듭해 왔던 삼엽충 등 지구 생명체의 약 99퍼센트가 멸종한 것으로 추정된다.

이런 대멸종의 가장 큰 원인으로 지금까지는 소행성과의 충돌이 꼽혀 왔지만 최근에는 엄청난 화산 활동에 의한 지구온난화 때문이라는 주장이 점차 힘을 얻고 있다. 당시 해양 온도 상승으로 바다 속에 있던 메탄이 공기 중 산소와 만나 대규모 이산화탄소를 생성하면서 대기 중 산소 농도는 그 이전 40~50퍼센트에서 10퍼센트로 급감하고 지구 온도는 급격히 상승했다.

새로운 지질시대의 도래

●

이와 관련해 인류가 환경에 미친 영향으로 새로운 지질시대가 이미 도래
했으며 이는 기존의 지질시대와는 구별돼야 한다는 주장이 나와 주목을

지구의 지질시대

약 45억 년의 역사를 가진 지구의 지질시대는 선캄브리아대-고생대-중생대-신생대 등으로 구분한다. 선캄브리아대는 시생대와 원생대로 구분되며, 고생대는 캄브리아기-오르도비스기-실루리아기-데본기-석탄기-페름기로 세분된다.

선캄브리아대는 지구 역사의 8분의 7을 차지하며 지각이 생기고 생명의 원형으로 여겨지는 최초의 유기물이 형성된 시기다. 이 시기에도 빙하가 적도지방까지 내려와 지구를 거의 덮어버린 초빙하시대(Snow-ball theory)가 있었다고 한다. 최초의 다세포 생물은 약 6억 년 전 고생대 캄브리아기에 생겨났다. 이 시기는 지금부터 약 6억~5억 년 전까지의 기간으로 영국의 지질학자 세지윅이 웨일즈 지방의 지명을 따서 1832년 명명했다. 삼엽충이 대표적이며 척추동물을 제외한 모든 동물군이 출현했다.

캄브리아 지층은 주로 사암과 셰일로 구성되며 세계적으로 분포돼 있다. 이 시대 말기에 매우 다양한 껍질 생물들이 출현하는데, 이를 '캄브리아기의 대폭발'이라고 부른다. 이 생물들은 오르도비스기에 첫번째 대멸종을 맞는데, 대규모 빙하기의 도래에 의한 것으로 추정된다. 데본기에도 그 이전 실루리아기에 번성했던 많은 바다생물들과 막 번성하기 시작한 양서류가 대량으로 사라지는 두번째 대멸종을 맞는다. 이는 연쇄적인 운석 충돌에 의한 것으로 추정된다.

석탄기는 영국의 석탄층에서 발견됐다고 해서 붙여진 이름으로 다른 지역에서는 중생대나 페름기 등에 형성된 석탄층도 발견된다. 양치식물 등 대규모 식물군이 발달해 공기 중 산소 함량이 40~50퍼센트나 됐다. 페름기 말에는 세번째 대멸종이자 지구 역사상 가장 큰 멸종인 '페름기의 대학살'이 발생했다. 중생대는 약 2억3000만~6500만 년 전의 시기로 트라이아스기-쥐라기-백악기로 구분된다. 트라이아스기 말기에는 운석 충돌로 인해 파충류의 대부분이 사라지는 네번째 대멸종이 있었다. 쥐라기와 백악기는 잘 알려진 대로 암모나이트와 공룡들의 전성시대였지만 이 역시 백악기 말 소행성 충돌로 대부분 멸종하고 쥐와 같은 작은 포유류와 조류들만 살아남았다.

신생대는 약 6500만 년 전부터 현재까지로 포유류와 조류, 경골어류가 번성한 시대다. 포유류가 점차 대형화하고 제4기 홍적세(플라이스토세, 갱신세, 최신세라고도 부른다) 이후 오스트랄로피테쿠스, 호모 에렉투스, 네안데르탈인 등 고생 인류들이 출현했다. 이 시기에 4회의 빙기와 간빙기가 있었으며, 약 1만 년 전부터 충적세(또는 완신세, 현세)가 시작됐다. 이는 지구 최후의 지질시대이며, 인류는 호모 사피엔스의 출현을 계기로 농경을 시작해 그 뒤 급격히 문명을 발달시켜 왔다.

'인류세'를 처음 제안한
네덜란드 화학자 파울 크뤼천

받고 있다. 미국의 과학전문지 〈라이브 사이언스〉 인터넷 판은 2007년 1월 말 크게 고생대, 중생대, 신생대를 거쳐 온 지구의 지질시대가 인류의 산업 활동이 본격화된 200년 전부터 '인류세 Anthropocene'로 넘어왔다고 보도했다. 신생대 제4기 홍적세와 충적세 외에 인류세라는 새로운 지질시대를 설정해야 한다는 것이다.

이 같은 주장에 대해 〈라이브 사이언스〉는 이때부터 인류사회의 문명이 지질에 심각한 영향을 미쳐 이전 시대와 뚜렷한 차별화가 시작됐기 때문이라고 설명했다. 인류세의 차별적인 특징은 침식과 퇴적 작용의 급격한 변화, 탄소 순환의 장애로 인한 기온 상승, 개화(開花) 시기 및 철새 이동기의 변화 등 생태계 이상 현상, 바다의 산성도 증가에 따른 먹이사슬 파괴 등이다.

1995년 노벨화학상 수상자인 네덜란드 화학자 파울 크뤼천 Paul Crutzen이 2000년 처음으로 제안한 인류세에 대한 아이디어는 2004년 8월 스웨덴 스톡홀름에서 개최된 '유로사이언스 포럼'에 참석한 과학자들의 지지를 얻는 등 점차 확산되었다. 미국 지질학회 소속인 얀 잘라시비츠 Jan Zalasiewicz 박사팀은 《GSA 투데이》 최신호에서 "지층학적으로 보면 인류세의 도래를 인정할 수 있는 주요한 변화의 증거가 이미 충분히 발견됐다."며 이를 공식적으로 인정하는 학술회의를 개최해야 한다고 제안했다.

이밖에도 2007년 12월《토양과학지》에 실린 또 다른 논문은 토양의 척박화 또는 산성화를 인류세 도래의 직접적인 증거로 들었다. 듀크대학의 대니얼 리히터Daniel D. Richter 교수는 이 논문에서 아프리카의 토질 척박화 현상을 제기하면서 "지구상의 토양 절반 이상이 현재 곡물과 목재 생산 등을 위해 개간된 실정"이라며 "지구상의 토질을 어떻게 유지할 것인가의 문제는 주요한 과학적 · 정책적 이슈로 부상했다."고 지적했다.

외계인과 초고대문명의 흔적
-두개골 변형

수 년 전 페루의 나스카 지역에서는 이마 위쪽부터 정수리까지 길쭉하게 변형된 어린아이의 두개골이 발견됐다. 마야문명 유적지에서도 인위적으로 길쭉하게 늘린 두개골이 다수 발견됐다. 이 지역에서만 변형된 두개골이 발견됐다면 별난 풍습의 하나로 치부할 수 있지만 이 같은 두개골 변형은 태평양 북서부, 러시아, 그리고 가야문명이 있던 한반도에서도 발견되고 있다. 이는 단순히 샤머니즘적 요소나 미용적인 성형일 가능성도 있다. 하지만 전 세계적으로 여러 문명권에서 두개골 변형이 이뤄진 것은 외계인의 영향을 받은 초고대문명의 흔적일 수 있다는 주장이 제기되고 있다.

크리스털 해골에 얽힌 에피소드

●

냉전시대였던 1957년, 인디아나 존스(해리슨 포드)는 구(舊)소련의 한 비행장에서 특수부대의 추격을 가까스로 따돌린다. 얼마 후 정부의 압력 때문에 대학을 떠나려던 인디아나 존스에게 윌리엄스라는 청년이 나타나 수천 년간 풀리지 않은 마야문명의 보물 '크리스털 해골'을 찾아 나서자고 제안한다. 소련의 특수부대 역시 크리스털 해골에 얽힌 미스터리를 풀어 세계를 정복할 야욕으로 그들을 쫓는다. 이는 영화 〈인디아나 존스: 크리스털 해골의 왕국〉 줄거리다. 영화에 등장하는 크리스털 해골은 1920년 마야문명의 유적지에서 탐험가 미첼 헤지스^{Mitchell Hedges}에 의해 발견된 보물로, 예술적인 아름다움을 넘어 인간의 마음을 조종하고 불치병을 치유하며 누구든지 죽일 수 있는 초자연적 능력을 가진 것으로 알려졌다.

크리스털 해골이 실제로 그런 힘을 갖고 있을까. 물론 결과는 아닌 것으로 판명이 났다. 2005년 미국 스미소니언박물관의 인류학 연구팀이 면밀하게 조사한 결과 문제의 크리스털 해골은 마야문명이 아니라 현대에 보석세공 기술자에 의해 만들어졌다는 사실이 밝혀졌다. 그렇다면 크리스털 해골에 왜 그렇게 많은 관심이 쏠렸을까. 이는 크리스털 해골의 형태가 외계인의 두개골일 가능성이 있다는 주장과 함께 크리스털은 아니지만 이를 닮은 형태의 변형된 두개골이 지구 곳곳에서 발견되고 있기 때문이다.

실제로 2009년 초 러시아 옴스크 지역의 숲속에서도 외계인의 것으로 추정될 만큼 낯선 두개골이 발굴됐다. 약 1700년 전의 어린아이 것으로 추정되는 이 두개골이 관심을 모은 이유는 두개골 구조가 정상적인 인류의 것과 달리 둥근 형태가 아니라 머리 윗부분이 길쭉한 형태를 취하고 있었기 때문이다. 또한 두개골의 측면에는 마치 뇌수술을 받은 것과 같은 흔적도 남아 있었다. 러시아 언론들은 인위적으로 두개골의 윗부분을 늘어지게 한 흔적이 있으며, 두개골 측면 역시 부상당한 부분을 치료한 것이 아니라 손상되지 않은 상태의 두개골을 수술한 것이라고 보도했다. 발굴 작업에 참여한 옴스크 역사박물관 고고학자들과 전문가들은 고대 이 지역에 살았던 부족들이 어린아이들의 정신적 능력을 높이기 위해 인위적으로 두개골을 변형시킨 것으로 추정했다.

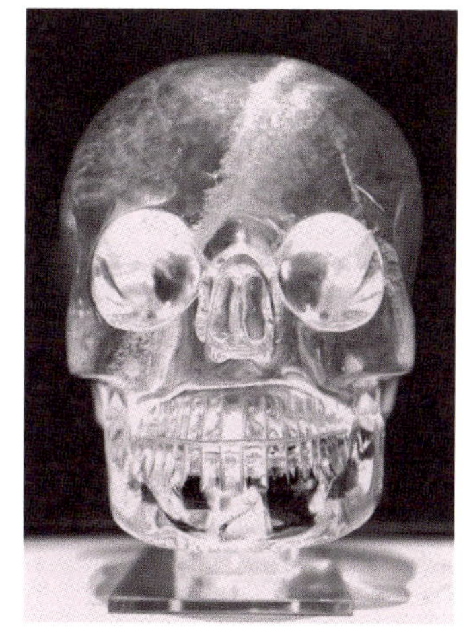

수많은 미스터리와 관심을 불러일으켰던 크리스털 해골

이렇게 변형된 두개골은 러시아 옴스크 지역만이 아니라 남미의 잉카문명과 마야문명, 그리고 태평양 북서부 등에서도 나타났다. 심지어 가야문명이 있었던 우리나라에서도 발굴됐다.

나스카와 마야문명의 변형된 두개골

●

수년 전에는 페루 남부 해안지대의 나스카 지역에서 이마 위쪽부터 정수리까지 길쭉하게 변형된 어린아이 두개골이 발굴됐다. 나스카문명의 중심지였던 쿠아치에서 발굴된 이 어린아이 두개골은 길쭉한 외형에 무게는 정상인의 절반에 불과하고 골밀도 역시 40퍼센트나 낮았다. 또한 광대뼈와 턱뼈가 정상인의 3분의 1정도 크기에 불과했다. 때문에 음모론자들은 '별의 아이'라는 이름이 붙은 이 두개골이 바로 외계인의 두개골, 또는 외계인과 지구인의 혼혈일 수 있다는 주장을 폈다. 이에 대해 인디애나 블루밍턴대학의 한 골학자는 이 두개골의 변형이 크루저병에 걸린

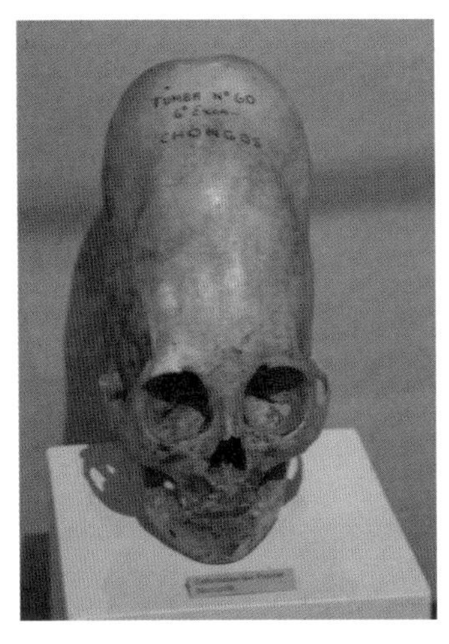

나스카문명의 중심지였던 쿠아치에서 발굴된 어린아이 두개골

흔적일 수 있다고 분석했다. 크루저병은 신체의 기형을 유발하는 뇌질환의 일종으로 뇌가 비정상적으로 성장하게 된다.

하지만 별의 아이 두개골은 크루저병에 걸린 것처럼 비정상적으로 발달한 혈관의 흔적이 없는 것으로 확인됐다. 즉 크루저병에 걸린 두개골로 볼 수 없다는 의미다. 그렇기 때문에 처음부터 이 같은 형상으로 태어난 것이라기보다는 인위적인 변형을 가하는 과정에서 별의 아이와 같은 두개골이 남겨진 것으로 분석되고 있다.

13세기 잉카문명에서는 두개골 변형은 물론 두개골에 구멍을 뚫는 뇌수술을 시행했던 흔적들이 남아 있다. 미국 틀레인대학의 존 베라노John W. Verano 박사와 사우스 코네티컷 주립대학의 발레리 앤드루쉬코Valerie A. Andrushko 박사는 잉카문명의 수도였던 쿠스코 지역의 고대 유물 매장지 11곳에서 411구의 유골들을 수거해 연구했다. 이중 66개의 두개골에서 두개골에 구멍을 뚫는 두부천공(頭部穿孔) 수술의 흔적을 발견했는데, 이들 중 90퍼센트는 뇌수술 후에도 상당기간 생존했던 것으로 밝혀졌다.

초기에는 이 같은 뇌수술 흔적이 전투 중 부상당한 머리를 치료했던 결과로 추정됐다. 당시에는 돌망치 형태의 무기를 사용했으며, 이 무기는 긴 막대에 별모양처럼 날카로운 모서리가 튀어나온 돌을 결합시킨 형태였다. 즉 이 같은 무기로 공격을 당하면 머리 부위의 두개골이 함몰되는 부상을 입게 되는데, 이를 치료하는 과정이 뇌수술 같은 흔적으로 남게 됐다는 것이다. 하지만 66개의 두개골 중 19개는 여성의 것이었으며,

전투 과정에서 발생한 부상의 흔적을 찾아
볼 수 없었다. 이는 부상치료가 아니라 인
위적인 뇌수술을 시행했다는 의미다.

멕시코 남부에 존재했던 마야문명에서
도 인위적으로 길쭉하게 늘린 두개골이 다
수 발견됐다. 연구결과 이들 두개골은 유
전적 결함이 없었으며, 기형으로 태어난
것도 아니라는 사실이 밝혀졌다. 이 같은
두개골에 대해 일부 학자들은 당시 마야문명이 옥수수를 주식으로 삼았
는데, 옥수수 신(神)을 숭배하는 과정에서 어린아이의 머리를 옥수수처럼
변형시킨 것이라고 주장하기도 했다.

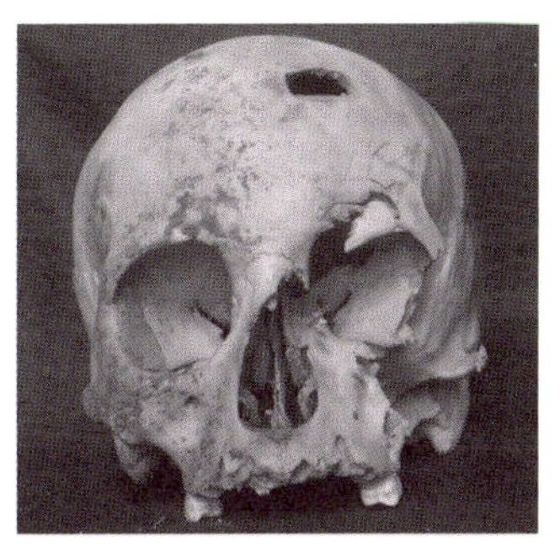

13세기 잉카문명 유골에 두개골의 구멍을
뚫어 수술을 한 흔적이 남아 있다.

태평양 북서부와 가야문명의 두개골

●

태평양 북서부의 치누크족에게서도 길쭉하게 변형된 두개골이 발견되고
있다. 인류학자인 엘렌스타인 버그는 치누크족들의 경우 신생아의 머리
에 코코넛 열매의 질긴 섬유질로 만든 띠를 1년 동안 착용시켜 두개골의
모양을 변형시키는 풍습을 가지고 있다고 말했다. 그는 이 같은 풍습이
부족 고유의 고대신앙에서 유래된 것으로 보인다고 밝혔다. 즉 치누크족
사이에서는 두개골의 모양이 특이할수록 전투를 더 잘하고, 길쭉한 형태
의 두개골을 가진 사람은 신의 지혜에 보다 근접해 있는 것으로 이해되
었다는 것이다.

한반도에서도 이 같은 형태의 두개골이 발견됐다. 1976년 경상남도
김해 예안리에서 집단 무덤 형태의 유적지가 발굴되었는데, 바로 이 유

김해 예안리에서 발굴된 1600년 전 가야인들의 변형된 두개골

적지에서 길쭉하게 변형된 두개골이 발견된 것이다. 조사결과 이곳은 1600년 전에 살았던 가야인들의 유적지라는 것이 밝혀졌다.

고고학자들에 따르면 이 두개골은 선천적인 기형이 아닌 인위적인 변형에 의한 것으로 분석됐다. 가야인들의 편두(偏頭) 풍습에 따른 것이었다. 편두 풍습은 신생아의 머리에 납작한 돌이나 판자를 앞뒤로 대고 끈으로 묶어 두개골을 변형시키는 것을 말한다. 아이의 성장에 따라 다시 묶어주는 과정을 반복하면 이마에서 정수리 부분까지 길쭉한 형태로 두개골 변형이 이뤄진다. 중국의 역사서인《삼국지》의〈위지동이전〉에도 당시 가야인들이 납작한 돌로 신생아의 머리를 눌러 머리를 납작하게 하는 풍습이 있었다는 기록이 남아 있다.

현재 가야문명의 유적지에서 이 같은 편두 두개골이 보편적으로 발굴되는 것은 아니지만 당시 가야지역에 편두 풍습이 존재했으며, 중국에 알려질 만큼 확산되었던 것으로 풀이된다.

두개골 변형을 시도한 이유

러시아의 옴스크 지역에서부터 잉카문명과 마야문명, 태평양 북서부의 치누크족, 그리고 가야문명에 이르기까지 전 세계에서 이 같은 두개골 변형이 이루어진 까닭은 무엇일까? 단순히 옥수수 신을 닮기 위해서나 미용적인 성형 측면에서 이뤄졌다고 보기에는 너무 많은 의문점이 제기된다.

일반적으로 신생아의 경우 두개골의 뼈가 단단하지 않아 외부의 힘으로 변형을 가하는 것이 가능하다. 똑바로 눕혀 키운 아이와 엎어 키운 아이의 두개골 형태가 달라지는 것도 이 같은 이유 때문이다. 하지만 머리 부분을 묶는 형태로 신생아의 두개골을 변형시키는 것은 쉬운 일이 아니며, 잉카문명에서처럼 뇌 천공수술을 시행하는 것은 더욱 어려운 일이다. 의학이 발달한 현대에는 뇌수술이 그처럼 어려운 일이 아니지만 불과 100년 전만 해도 뇌수술 후 생존하기는 어려웠다.

잉카문명에서 뇌수술이 가능했던 것은 당시 이 지역에서 마약의 원료인 코카인 재배가 성행했기 때문에 코카인을 마취제로 사용한 것으로 보인다. 또한 이 지역은 고산지대의 한랭 기후였기 때문에 다른 지역보다 세균에 감염될 가능성이 낮았을 것으로 분석되고 있다. 하지만 치료 목적만이 아니라 신비주의적 요소에 의한 뇌수술도 많았던 것으로 보인다. 예를 들어 신과의 소통을 필요로 하는 무당이나 간질 등 정신과적 질병을 가진 사람들에게도 뇌수술이 시행됐을 것이라고 추정하고 있는 것이다.

하지만 목숨을 걸어야 하는 두개골 변형과 뇌수술의 목적이 여기에만 그치지 않았을 것이라는 게 음모론자들의 주장이다. 그들은 바로 외계문명의 영향에서 그 원인을 찾고 있는데, 초고대문명이 외계인 또는 외계문명의 영향을 받았으며, 그 같은 초고대문명의 잔재가 잉카문명과 마야문명, 그리고 가야문명으로 이어져온 것이라고 주장한다. 강력한 힘을 가진 외계인의 두개골이 길쭉한 형태였다면 후대문명의 사람들은 목숨을 걸고서라도 길쭉한 두개골을 원했을 것이다. 길쭉한 두개골이 강력한 힘과 권위의 상징일 수 있기 때문이다. 다시 말해 두개골 변형을 시도했던 이 문명들이 직접적으로 외계인의 영향을 받았을 가능성은 적더라도 외계인의 영향을 받았던 초고대문명의 흔적이 토속신앙이나 샤머니즘적 풍습으로 남게 됐다는 것이다.

잉카문명이나 마야문명은 여전히 신비적인 요소들이 많다. 상당한 과학적 발전을 이뤄냈음에도 하루아침에 몰락했다는 사실은 신비감을 더욱 증폭시키는 요인으로 작용한다. 가야문명 역시 신비적 요소를 갖고 있다. 가야문명은 한반도에서 가장 먼저 철기문명을 발전시켰는데, 이는 대륙을 통한 철기문화 전래라는 도식과 맞지 않는다. 또한 출토되는 각종 유물도 주변지역보다 훨씬 앞선 문명이었음을 보여준다. 그럼에도 불구하고 신라에 의해 쉽게 몰락한 것은 잉카문명이나 마야문명처럼 다른 이유가 작용했기 때문일지도 모른다.

변형된 두개골과 문명 사이의 관계

●

이처럼 신비적인 요소를 갖고 있는 문명권에서 길쭉하게 변형된 두개골이 동시에 발굴되고 있는 것은 또 다른 음모론을 낳는 요인이 되고 있다. 수년 전 스페인어 및 중남미학을 연구하는 국내의 한 학자는 아즈텍문명과 잉카문명의 기원이 우리 민족과 관련 있다는 연구결과를 발표했다. 이 연구는 고고학적 연구라기보다는 언어학적 측면에서 접근한 것인데, 우리 민족과 이들 문명의 고대 언어가 매우 근접해 있다는 것이다.

그에 따르면 아즈텍 지역과 잉카 지역의 고유 언어인 나와틀어와 케추아어는 문장 구조면에서 우리 언어와 같은 '주어+목적어+동사' 의 어순을 가지고 있다. 또한 아즈텍은 '아사달' 을 의미하며 날[nal], 오다[wala], 가다[ga], 여기[ye], 누구나[noo' yuna], 어제[izi' i] 등도 우리말과 상당히 닮았다는 게 그의 주장이다.

물론 이 같은 연구결과는 언어학적 측면에서의 접근이라는 한계를 갖고 있다. 하지만 초고대문명의 영향을 받은 어떤 민족의 한 갈래가 한반도로 찾아들고, 또 다른 갈래가 베링 해를 건너 중남미 지역으로 이동했을 가능성을 배제할 수는 없다. 그리고 하나의 발원지에서 출발한 이들 문명이 옛날에 행했던 풍습을 답습한 결과 전 세계에서 비슷한 유형의 두개골 변형이 나타났을 수도 있다.

공상과학 영화나 만화에 등장하는 외계인의 모습처럼 길쭉하게 변형된 두개골. 이 두개골이 단순히 샤머니즘적 요소나 미용적인 성형이었을 가능성도 있다. 하지만 전 세계적으로 여러 문명권에서 이뤄진 두개골 변형이 이처럼 단순한 이유가 아니라 강력한 힘과 권위를 가진 외계인을 모방하려 한 것이며, 외계인들이 가진 정신적 힘을 재창조하려던 목숨을 건 노력이었을 가능성도 역시 배제할 수 없다.

많은 사람이 타락에 빠져 있던 시대. 신은 노아에게 대홍수로 그들을 심판하겠다는 계시를 전하고 노아는 신의 뜻을 받들어 120년 동안 방주를 짓는다. 그리고 여기에 자신의 가족 여덟 명과 모든 생물 암수 한 쌍씩을 태운다. 이후 40일 동안 쉬지 않고 비가 내려 땅 위의 모든 것들이 쓸려 갔지만 방주에 탄 사람들과 동물들은 살아남았다고 전해진다. 하지만 현재까지 방주의 실체가 드러나지 않아 논란의 대상이 되고 있다. 즉 노아의 방주가 진실이라는 기독교계와 증거가 부족해 입증이 어렵다는 과학계 및 역사학계의 주장이 대립하고 있는 실정이다. 노아의 방주를 둘러싼 이런 의문은 영원히 미제로 남을 수밖에 없는 것일까?

당시 기술로 그처럼 거대한 배를 만들 수 있었을까

《구약성서》에 의하면 노아의 방주는 총 3층

으로 길이 300큐빗, 폭 50큐빗, 높이 30큐빗이라고 기록돼 있다. 큐빗 cubit은 고대에 길이를 나타내던 단위로 손끝에서 팔꿈치까지의 길이에 기준을 둔다. 1큐빗은 약 45센티미터 정도로 추정되는데, 이를 기준으로 《구약성서》에 기록된 방주의 크기를 미터법으로 환산하면 1350m × 22.5m×13.5m가 나온다. 이 크기는 현대의 축구장보다 폭은 다소 좁지만 길이는 더 긴 것이다. 부피 또한 4만3200세제곱미터에 달해 1량에 240마리의 양을 실을 수 있는 화차 522대 분량과 맞먹는 어마어마한 용량이다.

그렇다면 노아는 이처럼 거대한 규모의 방주를 어떻게 건조했을까. 일단 방주의 재질은 사이프러스 나무인 것으로 알려져 있다. 나무 사이의 틈은 역청으로 메워 물이 방주 내부로 들어오지 않도록 했다고 한다.

이를 보면 방주는 특별한 고급 기술 없이 단순히 목재를 잘라 이어붙

마이클 커티즈 감독의 〈노아의 방주〉(1928)의 한 장면

이는 등 비교적 단순한 작업을 통해 만들어졌을 것으로 예상된다. 당시 기술은 현재보다 훨씬 뒤떨어져 있었을 것이며 현재 선박 건조장에서 쓰는 각종 전문기구가 있을 리 만무하기 때문이다. 이 밖에 다른 제조법이나 설계도 등도 일체 전해지지 않고 있다. 성서에도 방주의 제작기법을 설명하거나 암시하는 글귀가 없어 정확한 제조 방법은 짐작만 할 수 있을 뿐이다. 이에 대한 기독교계의 입장은 무엇일까. 전지전능한 신의 도움이 있었기에 가능했다는 설명으로 일축하고 있는 상태다.

과학적으로 이해가 되지 않는 부분

●

현재까지 보고된 동물의 개체 수는 포유류 3500여 종을 비롯해 조류가 8600여 종, 파충류와 양서류가 5500여 종이다. 이것들이 모두 방주에 탔다면 그 숫자만도 최소 1만7600마리에 이른다. 게다가 각 동물을 한 쌍으로 태웠다면 무려 3만5200마리의 동물이 방주에 올랐다는 얘기가 된다. 각 동물들의 크기를 평균적으로 양만하다고 가정할 때 방주의 용량은 12만5280마리의 양을 수용할 수 있는 크기다. 따라서 용적만 놓고 보면 방주는 실제 승선한 동물의 세 배 이상을 무리 없이 태울 수 있는 공간을 갖추고 있다. 다만 동물들을 포개어 놓을 수는 없다는 점에서 방주의 용량 대비 동물의 승선 숫자는 그런대로 수긍 가능한 비율이라 할 수 있다.

　하지만 여기에는 과학적으로 이해가 되지 않는 부분이 있다. 이렇게 하려면 방주를 지을 때 모든 동물의 종류와 개체수를 정확히 알고 있었어야 한다는 점이다. 지금 이 순간에도 기존에 알지 못했던 새로운 생물들이 발견되는 등 이는 현대 과학기술로도 매우 어려운 작업이다. 앞서 언급한 산술적인 계산을 통해서도 이런 변수가 있기 때문에 방주가 실제로 구현 가능한지의 여부를 입증하기는 참으로 어렵다.

이러한 것들이 방주의 실체를 증명하려는 사람들을 애먹이고 있는 부분이다. 그만큼 방주를 고증하기 위한 작업도 만만치 않다. 방주를 시뮬레이션 할 수 있는 환경을 갖췄더라도 방주의 정확한 제원을 알 수 없어 이를 검증할 방법이 없다는 것이 작금의 현실이다.

건조기간 120년에 대한 의문

●

방주와 관련된 또 다른 의문은 바로 건조기간이다. 사람의 수명을 감안할 때 120년 동안 배를 만들었다는 것이 언뜻 이해하기 어렵다. 물리적으로 배를 만들기 어려운 유년기 시절을 제외한다면 노아는 적어도 130년 이상을 살았어야 한다. 그런데 성경학자들에 따르면 당시 수명은 지금보다 훨씬 긴 200~300세였다. 이를 곧이곧대로 믿는다면 수명 대비 건조기간은 납득이 가능하다. 하지만 과연 이렇게 긴 수명을 가질 수 있었는지에 대한 의문은 여전히 남는다. 노아가 살았던 당시와는 비교도 안될 만큼 의학이 발달한 지금에도 평균수명이 100세를 채 넘지 못하는데 말이다.

창조과학 연구자들은 이에 대해 당시에는 하늘에 지구상으로 쏟아지는 유해한 광선을 막아주는 수막(水膜)이 있어서 더욱 건강하게 오랫동안 살 수 있었다고 설명한다. 그리고 대홍수 이후 인간의 수명이 급격히 짧아진 것은 이 하늘에 있는 수막이 지상으로 다 쏟아졌기 때문이라고도 주장하고 있다. 성서대로 해석하자면 지금의 수명은 신의 징벌인 셈이다. 이를 제대로 설명하기 위해서는, 다시 말해 기독교계 이외의 사람들을 수긍케 하려면 과학적 근거의 제시가 필요하다. 하지만 아직까지 어디에서도 그런 증거는 나오지 않고 있다.

사실 노아의 방주에 대한 기독교계와 과학계의 진실공방이 계속되는 근원은 성서의 불명확성에 있다고도 할 수 있다. 성서에는 사람들이 궁금해 하는 것을 속 시원하게 풀어줄 근거나 자료가 전혀 나와 있지 않기 때문이다. 다시 말해 정황은 있지만 물증이 없다는 뜻이다. 전지전능한 신이 존재한다는 종교적 사실을 배제한다면 그렇다는 말이다. 그래서 한쪽에서 노아의 방주를 '매우 정교한 소설' 이라 폄하해도 방주의 존재를 믿는 사람들은 그들을 납득시킬 만한 해답을 내놓지 못하고 있다.

터키에서 발견된 노아의 방주

●

노아의 방주는 언제쯤 그 실체를 드러낼까. 지금도 기독교계에서는 방주의 실체를 알아내기 위해 성서를 새로 분석하거나 비슷한 연대에 나온 역사책을 뒤적이고 있다. 뿐만 아니라 방주가 있었다고 알려진 곳을 조사하는 등 한층 적극적인 방법도 쓰고 있다.

'노아의 방주 국제전도단' 이
찾아낸 노아의 방주로 추정되는
목재 구조물

2010년 5월 27일 외신들은 중국과 터키인들로 구성된 일명 '노아의 방주 국제전도단Noah's Ark Ministries International'이라는 기독교 탐사대가 터키와 이란, 아르메니아의 국경에 걸쳐 있는 아라라트산 해발 4000미터 지점에서 노아의 방주로 추정되는 목재 구조물을 발견했다고 일제히 보도했다. 탐사대는 발견된 목재에서 표본을 채취하여 탄소연대를 측정했으며 이를 통해 목재의 제작 시기가 기원전 2800년대로 노아가 살았던 때와 비슷하다는 점을 확인했다. 특히 내부에 여러 개의 칸막이가 있는 점을 들어 이것이 노아가 만든 방주의 일부임이 확실하다고 주장했다.

이 구조물이 발견되기 전에도 아라라트 산에서 노아의 방주를 본 사람이 있었다. 영국의 제임스 브라이스James Bryce 경이 그 주인공인데 유명 학자이자 여행가인 그는 1876년 아라라트산 해발 3500미터 지점에서 사람이 손으로 다듬은 나무 조각을 찾아냈다. 이것이 방주의 일부분이라고 증명되지는 않았지만 노아의 방주 찾기는 이 사건으로 가속도가 붙었다. 이후 20세기에 들어서며 노아의 방주에 대한 더욱 구체적인 증거들도 나오고 있는 추세다.

방사성 탄소연대 측정법Radiocarbon Dating

1949년 시카고대학 윌라드 리비와 동료들이 발견한 것으로, 탄소화합물 중 탄소의 극히 일부에 포함된 방사성 동위원소인 탄소-14의 비율을 측정하여 그 만들어진 연대를 추정하는 방사능 연대 측정의 한 방법이다. 간단하게 탄소연대측정이라고도 한다. 탄소-14는 대기 속의 질소가 중성자와 핵반응을 일으켜 생성되는 것으로, 식물의 광합성이나 동물의 호흡을 통해 대기 중에 있는 탄소를 흡수하게 된다. 방사능을 갖고 있는 탄소-14가 식물의 세포 안에 남아 있는데, 식물이 죽는 순간 탄소-14가 더 이상 유입되지 않고 붕괴만 하기 때문에 반감기를 이용하여 식물이 죽은 시점을 알아낼 수 있다.

1960년에는 터키 공군의 커어티스 소령이 아라라트산을 촬영하던 중 해발 2000미터 지점에서 달걀 모양의 한 물체를 촬영했다. 여러 차례의 화산 폭발로 분화구에서 흘러나온 용암 속에 묻힌 기묘한 형태였다. 사진측량 분야의 세계적 권위자인 브런덴부르거 박사는 사진 속의 물체가 틀림없이 거대한 배라고 단언했다.

이로부터 6년 뒤 미국의 고고학 탐험대는 노아의 방주를 찾기 위해 대규모 조사단을 조직해 아라라트산에 올랐다. 이들은 산의 북서부 지점, 깊이 6미터 아래에 150미터 크기의 거대한 물체가 있는 것을 발견했다. 그리고 그 주변에서 나무 조각을 채취해 탄소연대를 측정해보니 4000년~5000년 전의 것이었다고 밝혔다. 아라라트산에 올랐던 사람들이 본 것은 모두 배 형태의 구조물이었다. 그렇다면 아라라트산에 진짜 노아의 방주가 있는 것일까? 이에 대해 과학자들은 지구의 바닷물 양을 계산할 때 아무리 큰 홍수가 일어났다고 해도 해발 3000미터가 넘는 곳으로 거

아라라트산 해발 2000미터에 있는 노아의 방주 흔적

대한 배를 끌어올릴 수는 없다고 설명한다. 이 지역에서 대홍수가 일어
났다는 증거가 없다는 점도 이들의 분석에 힘을 실어주는 부분이다.

종교적인 믿음에 입각해 방주의 존재를 해석하면 성서에 나와 있기 때
문에 노아의 방주가 존재한다고 말할 수 있다. 반면 종교를 떠나 좀 더
객관적인 시각에서 본다면 이를 뒷받침할 증거가 부족해 사실로 받아들
이기 어렵다. 현재는 이 같은 두 가지 주장이 서로 첨예하게 대립하고 있
는 상태다. 따라서 노아의 방주 존재 여부는 어느 한 쪽에서 결정적인 증
거를 내놓지 않는 이상 영원한 미스터리로 남게 될 공산이 크다.

연금술사는 마법사인가 과학자인가

근대 물리학의 아버지 아이작 뉴턴. 한평생 독신으로 연구에만 매진했던 뉴턴의 취미(?)는 다른 아닌 연금술이었다. 혹자는 뉴턴이 물리나 수학보다 오히려 연금술에 더 많은 열성을 쏟았다고 이야기하기도 한다. 인류 역사에 있어 오랜 기간 혹세무민과 사이비라는 단어로 사회적 지탄을 받았던 연금술이 대체 무엇이기에 뉴턴처럼 명망 있는 과학자들마저 매료되고 만 것일까.

연금술은 철, 구리, 납 따위의 금속을 가지고 고가의 귀금속, 특히 황금을 만들어내는 신비한 기술을 말한다. 현대인들의 시각에서는 마법이나 점성술과 다를 바 없는 주술적 산물로 여겨진다. 더욱이 과학자의 눈으로 바라본다면 그 비현실성은 일고의 가치조차 없을 것이 자명하다.

그런데 도대체 왜 뉴턴을 비롯한 여러 저명한 과학자들이 스스로 연금술사가 되기를 자처한 것일까? 황금에 눈이 멀어서? 아니면 우리가 모르는 거대한 비밀이 숨겨져 있기라도 한 것일까. 혹시 이런 과학자들 가운데 진짜 연금술을 터득해 남몰래 생활의 궁핍함을 벗어난 사람도 있지 않았을까.

검은 땅의 기술

●

연금술의 기원은 명확하지 않지만 학계에서는 대체로 기원전 2~3세기 무렵 이집트에서 처음 시작된 것으로 추정한다. 연금술을 영어로 'alchemy'라고 하는데 'chem'은 고대 이집트에서 파생된 언어인 콥트어의 '검은 땅'이라는 단어에서 유래됐다. 여기서 검은 땅은 이집트를 가리킨다. 나일강의 범람으로 언제나 강 주변 지역에 검은 흙이 높이 쌓여 있다고 해서 붙여진 이름이다. 그러므로 연금술은 이집트인이 빚어낸 기술적 산물로 해석할 수 있다. 굳이 연금술이 아니더라도 이집트인은 고대 세계에서 금속을 다루는 기술이 유달리 뛰어났던 민족으로 잘 알려져 있다. 그들은 금속의 형상 전화(轉化)를 실현하기 위해 다양한 실험을 수행하곤 했다.

이집트에서 태동한 연금술은 이후 그리스어를 쓰는 지역으로 널리 전파됐다. 그리고 시리아를 거쳐 페르시아로 전해졌다. 7~8세기 이슬람이 생겨난 뒤에는 페르시아 지역이 연금술의 중심지가 됐으며, 12세기 무렵에는 라틴어를 쓰는 유럽 지역으로까지 연금술의 손길이 닿았다.

연금술은 근대 화학이 성립하기 전까지 수천 년 이상 세계 각지에서 연구됐지만 근대 화학의 아버지라 불리는 18세기 프랑스 화학자 앙투안 로랑 라부아지에Antoine Laurent Lavoisier의 실험적 이론이 확립되면서 크게 입지가 흔들렸다. 생명 자체를 하나의 화학적 과정이라고 본 라부아지에

뉴턴이 금속을 금으로 바꾸는 '현자의 돌'을 믿고 연금술에 몰두한 이유는 무엇일까?

가 연금술의 이론적 근간이었던 원소변환설을 완전히 뒤엎었기 때문이다.

그리스 철학자 아리스토텔레스가 주창한 이래 정설로 받아들여진 원소변환설의 핵심은 특정 물질을 이루고 있는 원소들이 어떤 과정을 통해 다른 물질로 변화할 수 있다는 것이다. 아리스토텔레스는 흙, 물, 불, 공기를 특정하며 이 네 가지 원소의 비율만 다르게 섞으면 어떤 물건이든 만들어낼 수 있다고 주장했다. 이와 관련해 당시 사람들은 물을 끓이고 난 다음에 생기는 흰색의 침전물이 흙이라고 믿었다. 사실은 물을 끓인 용기의 내벽이 녹아 생긴 부산물이었지만 물이 흙으로 변했다며 원소변환설의 증거로 받아들인 것이다. 마찬가지로 돌에 어떤 특별한 자극을 가하면 금으로 바꿀 수 있다고도 생각했다. 또한 이런 전화 현상에 관여하는 근원물질이 존재한다고 여겼는데 연금술사들은 근원물질의 유력 후보 중 하나로 수은을 꼽았다. 땅 속의 수은이 황금이 될 수 있다고 판단한 셈이다.

하지만 라부아지에가 1783년 6월 실험장치를 제작해 최초의 물 분해에 성공하면서 물은 단일 원소가 아니며 산소와 수소의 화합물이라는 사실을 증명했다. 당연히 원소변환설의 모든 가설도 이때부터 흔들리기 시작했다. 바꿔 말해 라부아지에의 물 분해 실험 이전까지 과학계는 원소변환설을 지지했고, 그 가설에 따라 연금술도 가능하다고 판단하여 갖가지 실험을 수행했다고 볼 수 있다.

근대 화학의 아버지라 불리는 18세기 프랑스 화학자 앙투안 라부아지에

자연의 수수께끼

●

중세 연금술사들의 모습에 대해서는 캐나다 디스커버리연구소 소속의 작가 벤저민 와이커Benjamin Wiker가 《주기율표의 수수께끼The Mystery of the Periodic Table》에서 밝힌 내용이 있다. 그에 따르면 연금술사들은 금속을 제련하는 사람들과는 차원이 달랐다. 제련 전문가들이 실용적인 것을 추구한 반면 연금술사는 자연의 수수께끼에 큰 흥미를 느꼈다. 과학을 수행하면서도 마치 철학자와 같은 자세로 실험실에 틀어박혀 수수께끼를 풀고자 분투한 것이다.

하지만 이를 감안해도 왜 하필 값싼 금속을 황금으로 바꾸는 비법에 유독 주목했는지는 잘 이해가 되지 않는다. 연금술이 자연의 수수께끼와 무슨 연관이 있다고 여긴 걸까. 이러한 의문에 대한 답은 오늘날 학계에서 중력 이론을 세운 뉴턴과 연금술사 뉴턴을 똑같은 얼굴의 위대한 과학자로 평가한다는 점에서 엿볼 수 있다. 이는 곧 연금술 역시 과학과 유관한 속성을 지니고 있다는 의미이기 때문이다. 즉 과학자들에게 금속을 황금으로 바꾸는 비법은 자연 만물의 성질을 아는 일과 일맥상통한 것이었을 가능성이 크다. 그래서 연금술사들은 오랜 시간 시행착오를 겪으며 해답을 찾는 데 골몰했고 뉴턴도 이와 다르지 않았다. 황금으로 부자가 되겠다는 세속적 욕망이 아니라 학문적 열망이 그들을 연금술의 세계로 끌어들였다고 할 수 있는 것이다. 물론 그들의 솔직한 속내는 아무도 모를 일이지만 말이다.

이유야 어찌됐든 결과적으로 연금술사들의 고된 작업은 모두 허사로 돌아갔다. 적어도 공식적으로는 그렇다. 그들의 가설 중 많은 부분이 오류로 판명됐으며, 금과 비슷한 것이라도 만들어냈다는 얘기는 전해지지 않는다. 첨단을 걷는 현대 과학조차 '아직은' 비금속을 황금으로 변환시키는 것이 불가능하다. 미스터리 신봉자들은 누군가 그 비법을 알아냈을 가능성을 제기하기도 하지만 그 것은 단지 우리의 소망일 뿐이다.

중세시대 연금술사들의 실험실 모습

오늘날의 과학은 일반적 화학작용으로는 금을 만들 수 없다고 말한다. 땅속에서 특정 액체와 기체의 퇴적작용에 의해 금이 만들어진다는 사실을 알고 있음에도 말이다. 여기에 대해 벤저민 프랭클린Benjamin Franklin은 이렇게 언급한 바 있다. "안타깝게도 우리는 땅속이 아닌 땅 위에 살고 있습니다."

근대 과학의 씨앗

●

연금술은 오랫동안 정통 과학과는 거리가 먼 유사과학, 다른 말로 사기술로 치부돼 왔다. 가동에 필요한 최초의 동력(에너지)만 제공하면 그 이후부터는 영원히 추가적인 에너지 투입 없이 자가발전을 통해 에너지를 생산해낸다는 무한동력장치처럼 말이다. 그러나 당대의 연금술사들이 행한 연구가 모두 무의미했던 것만은 아니다. 일각에서는 현대 과학의 근간이 연금술을 통해 움텄다고 보는 견해도 있다.

프랭클린에 따르면 연금술사들은 주로 7가지 금속을 다뤘으며, 그 금속들이 각각 행성과 밀접한 관련이 있다고 믿었다. 예를 들어 금은 태양, 은은 달, 철은 화성, 수은은 수성과 연결시키는 식이었는데 이는 각 금속의 색깔 등과 유관한 해석이었다. 다소 허무맹랑한 발상이었지만 이런 가정을 바탕으로 연금술사들은 나름의 화학기호(?)를 만들기도 했다. 현재의 화학기호와는 비교할 수조차 없는 상형문자로 된 조악한 것이지만 말이다.

또한 현재 사용되는 여러 실험 장비들이 연금술사의 실험실에서 기인됐다는 얘기도 있다. 부피 측정, 반응, 증류 등에 사용되는 플라스크를 비롯해 깔때기, 여과기, 막자사발 등 우리에게 친숙한 도구들이 여기에 속한다. 알려진 바에 따르면 이들에게 가장 중요했던 도구는 증류기로, 당시의 증류기는 긴 부리를 가진 새가 쪼그리고 앉아 있는 것과 유사한 모양이었다고 한다. 이 도구들은 현대 과학자가 사용하는 정교하고 편리

현대의 연금술

오늘날에도 연금술은 불가능하다. 하지만 황금이 아닌 모조 백금(플래티넘, Pt) 정도라면 가능하다. 백금은 자동차의 촉매 변환 장치에 필수적인 재료인데 전 세계 매장량이 10만 톤 정도로 적은 반면 수요는 많아 순금 이상의 가치를 지니고 있다.

실제로 지난 2009년 미국 펜실베이니아주립대학의 화학자 웰포드 캐슬먼 교수 연구팀은 레이저를 이용해 텅스텐 카바이드(탄화텅스텐) 분자에서 전자를 분리하여 백금과 동일한 물성을 갖도록 하는 데 성공했다. 백금의 가격이 탄화텅스텐의 1000배에 달한다는 점에서 가히 연금술에 비견될 만한 성과라 할 수 있다. 조만간 연구팀은 여러 개의 탄화텅스텐 분자를 대상으로 이 기술을 재현하여 상용성을 확인할 계획인데, 성공한다면 자동차 제조업체들은 적지 않은 비용 절감 효과를 누리게 된다. 비록 연금술의 비책을 알아내지는 못했지만 금속의 물성을 완벽히 모방할 수는 있게 된 것이다.

한 실험도구와는 많이 달랐다. 하지만 결과적으로 인류 화학기술 발전에 상당한 도움을 줬다는 사실을 부정하는 학자는 거의 없다.

연금술사는 갖가지 실험 장비 외에 기묘한 화학물질을 조합해내기도 했다. 일례로 산acid 역시 황금을 만드는 과정에서 발견한 물질이다. 산은 물질을 분해하는 성질이 강해 순수한 원소의 분해에 유용하게 쓰인다.

정리하자면 연금술은 학문으로서는 근대적 형태를 갖추지 못했으나 기술적 측면에서는 과학발전에 기여한 바가 적지 않다. 연금술사 개인을 놓고 봤을 때도 마찬가지다. 이탈리아의 물리학자 니콜라 비트코프스키 Nicolas Witkowski는 《딴짓의 재발견Une histoire sentimentale des sciences》을 통해 뉴턴 역시 연금술에 대한 끈질긴 연구를 통해 물리와 수학에서 위대한 성과를 이룰 수 있었다고 강조한다. 뉴턴은 우주의 신비를 얼마든지 해독할 수 있다고 믿었고 연금술도 그 일환이었다는 얘기다.

무려 30년 동안이나 밤을 지새우며 원소변환설을 검증하려 애썼다는 뉴턴이 연금술과 관련해 기록한 자료는 자그마치 노트 세 권 분량에 이른다고 한다. 그는 연금술 실험을 위해 다량의 수은을 사용하다가 수은에 독성이 있다는 사실을 몸소 발견하기도 했다. 연금술은 뉴턴의 다른 연구, 특히 광학 연구에 깊은 영향을 미치기도 했다. 즉 프리즘을 사용해 태양의 백색광을 스펙트럼 단색광으로 분해한 뒤 다시 프리즘으로 단색광을 재합성하면 원래의 백색광이 된다는 것을 증명했는데, 이는 연금술의 기본 원리와 밀접한 것이었다.

뉴턴이 연금술을 위시한 신비주의에 사로잡혀 일찍이 현실감을 잃어버렸다는 기록도 있다. 오랜 시간 동안 중세 과학과 근대 과학이라는 두 개의 세계에 양다리(?)를 걸쳤던 그는 말년에 불면증, 편집증, 위장장애 등에 시달리다가 51세를 일기로 세상을 떠났다.

영원한 신비주의

●

16세기로 접어들며 연금술에 새로운 일면이 추가됐다. 그전까지의 목적이었던 황금 제작에서 불로장생의 영약을 만들고자 하는 의학적 시도로 뻗어간 것이다.

그 시발은 연금술사이자 의사로서 의화학(醫化學)의 시조로 불리는 스위스의 파라켈수스Paracelsus다. 과학사에서 가장 기괴한 인물로 꼽히는 그와 그의 신봉자들은 연금술의 효용은 황금이 아닌 영약을 만드는 데 있다고 주장했다. 이러한 의화학 사상이 널리 전파되면서 연금술사들도 자연히 인간의 병을 고치는 의약 연구에 힘을 쏟게 되었다. 파라켈수스는 자연에서 생겨난 광물 등이 인체에 침투해 병이 생긴다고 주장했으며, 병을 치료하기 위해서는 화학약품을 사용해야 한다고 강조했다. 실제로 그는 갖가지 실험적 방법을 동원해 많은 의약품을 개발했다. 말하자면 그는 연금술에서 근대 화학으로 이어지는 과정의 교량 역할을 했던 셈이다.

이후 근대로 접어들며 연금술의 열기는 차츰 수그러들었다. 17~18세기에는 영국의 과학자 로버트 보일Robert Boyle과 앙투안 로랑 라부아지에 등이 원소의 개념을 명확히 정립하며 근대적 화학관을 제시했고, 19세기 들어서는 화학적 방

연금술의 효용은
황금이 아닌 영약을 만드는 데 있다고 주장한 파라켈수스

법으로는 황금 제조가 불가능하다는 사실이 밝혀져 연금술은 대중의 관심에서 완전히 멀어져갔다. 오늘날 연금술은 신비주의, 초자연주의를 넘어 혹세무민의 전형으로 매도되기도 한다.

그럼에도 연금술에 대한 의문이 완전히 해소된 것은 아니다. 당대 연금술사들의 실험실에서 벌어졌을 갖가지 일들은 여전히 신비에 둘러싸여 우리의 호기심을 자극한다. 뉴턴만 해도 그렇다. 그가 연금술에 한창 심취했던 17세기는 이미 근대 화학이 뿌리내린 이후였는데도 그는 끝까지 연금술의 환영을 벗어던지지 못했다. 이를 단순한 아쉬움이나 미련으로 보기에는 뭔가 석연치 않은 게 사실이다.

1920년대에 스위스의 심리학자 칼 구스타브 융Carl Gustav Jung은 연금술에 대해 새로운 해석을 제시했다. 그는 연금술 문헌에 나오는 수많은 상징적 표현들이 정신병 환자의 꿈속에 나타나는 이미지와 유사하다고 밝혔다. 연금술의 실체가 다름 아닌 집단 무의식의 산물이라는 주장이었다.

보잘것없는 금속으로 황금과 불로장생의 영약을 만들겠다고 시도한 연금술. 융의 주장대로라면 우리는 아직까지 이 집단 무의식에서 벗어나지 못하고 있는 것일지도 모른다. 많은 사람들이 지금 이 순간에도 우리

연단술

서양에 연금술이 있다면 동양에는 연단술(煉丹術)이 있다. 연단술은 불로장생의 약이라는 단(丹)을 만들기 위한 기술이다. 고대 중국 권력자들은 갖가지 금속과 민간신앙이 접목되면서 납과 수은 등에 불을 더해 영약인 단을 구할 수 있을 것으로 믿었다. 이로 인해 중국에서는 적지 않은 사람들이 부작용을 겪었고, 여섯 명 정도의 당나라 황제가 수은 중독 때문에 사망한 것으로 전해진다. 불로장생의 아이콘인 진시황 역시 연단술로 제조된 여러 약들을 복용한 것이 오히려 사망의 원인이 됐다는 설도 있다.

가 모르는 괴짜 연구자가 연금술의 실현을 위해 여전히 연구에 매진하고 있으리라는 생각을 하고 있을 것이기 때문이다. 연금술은 과학이 쓴 최초의 오명이자 동시에 영원한 좌표일지도 모른다.

내 안에 누군가 살고 있다 -빙의

내 몸 안에 나 아닌 다른 사람의 영혼이 들어와 있다면? 그리고 그가 내게 끊임없이 말을 걸어오고, 급기야 내 몸을 지배하려 한다면? 공포영화의 한 장면을 얘기하려는 게 아니다. 이는 어쩌면 누군가 실제로 경험했거나 혹은 경험하게 될 상황일 수 있다.

빙의(憑依)란 어떤 영적인 힘이 사람에게 침입하여 영향을 주는 상태를 말한다. 육신을 잃은 영혼이 갈 곳을 찾지 못해 구천을 떠돌다가 머물기에 적당한 대상을 만나 그곳에 숨는 것이다. 서로 다른 영혼이 한 몸에 공존한다는 점에서는 '신내림'과 유사한데, 빙의의 주체는 수준이 낮은 잡령인 반면 신내림은 그보다 차원이 높은 영혼이라는 게 전문가들의 설명이다. 이런 이유로 빙의에 걸린 사람은 본래의 생각 또는 의지를

잃고 이상한 행동을 자주 하지만 신내림을 받은 사람은 자신이 원할 때 영적인 존재의 도움을 받을 수 있다.

빙의로 고통 받는 사람들

●

빙의를 당한 사람은 귀신에 홀린 상태가 되어 평소와 전혀 다른 사람으로 돌변하는 사례가 많다. 비정상적인 행동을 하는가 하면 심한 경우 발작을 일으키고 폭력적이 되기도 한다. 많은 빙의 경험자들이 폐인이 될 정도로 극도의 육체적 · 정신적 고통을 호소하는 이유가 이 때문이다.

빙의는 그 진행과정에 따라 여러 양상으로 나타날 수 있는데 관련 서적의 내용을 종합해 보면 빙의가 일어난 순간의 공통된 증상은 대체로 이렇다. 음습한 기운이 엄습하면서 온몸이 전율을 느끼거나 이유 없는 불안감, 초조감을 느낀다. 눈의 흰자위가 충혈되고 눈동자에 힘이 없다. 또한 집중력 저하와 건망증이 나타나며 악몽에 시달린다. 현기증이나 두통이 심해지고 헛소리를 듣거나 헛것을 본다. 온몸이 짓눌리는 듯한 신체적 아픔을 느낀다. 얌전했던 성격이 공격적으로 변하거나 얼굴 인상이 갑작스레 바뀐다.

빙의가 정말 죽은 이의 영혼이 살아 있는 사람의 몸에 침입하는 것이라면 이런 현상은 도대체 왜 발생하는 것일까. 알려진 바에 따르면 사람의 몸을 찾아드는 영혼들은 보통 사망 후 정상적인 루트를 따라 저승으로 가지 못하고 특정한 집착과 욕망, 혹은 감정에 사로잡혀 이승에 남은 존재다. 이렇듯 강한 욕망과 격한 감정을 가진 존재인 탓에 빙의된 사람에게 좋지 않은 영향을 미치게 된다고 이해할 수 있다.

빙의를 겪는 원인에 대해서는 의견이 분분하지만 보통은 자기 몸 안의 정기(精氣)보다 강한 귀기(鬼氣)나 살기(殺氣)와 맞닥뜨렸을 때 순간적으로 겪게 되는 것으로 알려져 있다. 이를테면 잔혹한 살인 장면 등 충격적인 일을 목격하게 되는 상황이 이에 속한다. 전문가들은 빙의가 남녀노소를 막론하고 누구라도 겪을 수 있는 현상이라고 말한다. 때문에 이를 소홀히 넘기거나 우습게 여기면 무서운 일이 일어날 수도 있다고 경고한다.

귀신들림 vs 해리성 장애

●

그렇다면 빙의는 정말 실재하는 현상일까. 아니면 의학계에서 말하듯 단지 해리성 장애 같은 정신과적 질환의 일종일까.

현대 정신의학에서는 1990년대 말부터 빙의를 '포제션possession'이라는 진단명으로 구분하고 있다. 악마 혹은 귀신에게 환자의 몸이 소유당했다는 의미다. 세계적으로 널리 쓰이는 정신질환 분류에는 세계보건기구WHO에서 정한 국제질병분류ICD와 미국정신의학회의 《정신장애 진단 및 통계편람Diagnostic and Statistical Manual of Mental Disorders》DSM 등 두 종류가 있는데 '포제션'이라는 진단명은 두 곳 모두에 포함된다. 이 가운데 DSM 최신판(1994)에서는 영적 원인으로 야기된 문제들도 분명한 질병의 일종으로 규정한다. 포제션은 "영혼이나 힘, 신 혹은 다른 사람의 영향으로 인해 개인의 주체성에 대한 느낌이 새로운 주체성으로 대체되며 이로 인해 자의적으로 몸을 움직일 수 없거나 기억상실이 동반되어 나타나는 상태"라고 기술되어 있다.

이를 보면 언뜻 의학계에서도 초자연적 심령현상을 믿고 있다는 이야기로 들린다. 그러나 의학계에서는 현실 세계에서 여러 환자들을 접하며 포제션, 즉 빙의를 하나의 특수한 질환 사례로 인정하고 있을 뿐 귀신의 존재나 귀신이 타인의 몸에 침투하는 것 자체를 믿는 것은 아니다.

　서울대학 의과대 겸임부교수 변영돈 박사(변영돈 신경정신과의원)는 "빙의는 어디까지나 해리성 장애의 일종"이라고 전제하고, "빙의는 귀신이 실재하여 생긴 것이 아니라 그 사람의 정신 내부에서 스스로의 암시 현상에 의해 생겨난 것으로 본다."고 밝혔다. 여기서 해리성 장애dissociative disorders란 한 사람이 둘 이상의 인격을 가지게 되는 정신질환으로 정상적 의식 상태로부터 벗어나 기억을 상실하거나 자신의 정체성을 인지하지 못하는 상태를 말한다. 주로 성장기에 극심한 신체적·정서적 충격을 받았을 때 그 충격으로부터 자신을 보호하기 위해 새로운 인격을 만들어내는 경우가 많다. 흔히 다중인격으로도 표현되는 이러한 장애는 영화 〈두 얼굴의 여친〉, 〈아이덴티티〉 등에서 그 전형을 볼 수 있다.

한 사람이 둘 이상의 인격을 가지게 되는 해리성 장애를 빙의로 보기도 한다.

현대의학으로는 극복할 수 없다?

●

이러한 주장처럼 빙의가 정실질환이라면 치료는 어떻게 이뤄질까. 치료가 가능하기는 한 것일까.

정신의학에서는 빙의의 원인이 환자 내부의 심리적 갈등에 있다고 보기 때문에 치료는 그 원인을 찾아 제거하는 방향으로 이뤄지는 것이 보통이다. 즉 상담치료와 약물치료를 병행할 수 있는데, 문제는 일반적으로 이러한 정신의학적 치료만으로는 빙의를 완전히 극복하기가 쉽지 않다는 점이다. 실례로 몇 년 전 중년 연기자 K씨는 자신의 빙의 체험을 공개적으로 밝혀 화제가 된 바 있다. 그는 자동차 사고로 유명을 달리한 시어머니의 영혼이 자신에게 빙의돼 2년여간 심각한 병증을 앓았다고 한다. K씨의 증언에 따르면 시어머니의 사고현장을 직접 목격한 후 그녀의 고통이 시작됐다. 시도 때도 없이 귀신이 보였고 심한 우울증에 시달렸다. 제대로 먹지도, 자지도 못하면서 여러 차례 자살을 시도하기까지 했다. 명망 있는 정신과 의사에게 포제션이라는 판정을 받고 치료도 받았지만 허사였다. 결국 그녀가 찾은 해법은 빙의치료 전문가였고 천도재와 구명의식(영혼을 밖으로 쫓아내는 의식)을 받은 후에야 비로소 안정을 취할 수 있었다고 한다.

K씨와 같이 빙의로 고통 받는 사람들 대다수는 종교적 방법이나 영적인 퇴마의식에 의존하고 있다. 귀신 자체를 인정하지 않는 현대 의학으로는 마땅한 치료법이 없는 탓이다. 국내 빙의 치료의 대가로 불리는 한 스님은 여러 인터뷰를 통해 "현대 의학으로는 빙의의 치료가 불가능하다."며 "오직 종교적인 방법으로만 해결할 수 있다."고 밝힌 바 있다. 방송에 자주 모습을 드러내는 한 퇴마사 역시 "빙의는 정신질환과는 다르

다.”며 “정신질환을 앓는 사람에게 퇴마의식을 해봐야 소용이 없는 것처럼 빙의된 사람에게 약물 치료를 하면 상태만 더 악화될 뿐이다.”고 주장했다.

이와 관련하여 신경정신과 전문의들은 환자가 귀신의 존재를 믿고 있고, 종교나 무속적 방식을 통해 내적 갈등을 해소할 수 있다면 그런 방법도 효과가 있을 수 있다고 말한다. 종교인에게 자신의 문제를 털어놓고 정화의식을 거친다는 점에서 현대의학의 심리치료와 유사하다고 보는 것이다. 특히 정화의식에 의해 환자가 쾌유하는 것은 가짜 약을 먹고 병이 치료됐다고 느끼는 ‘플라시보 효과placebo effect’의 하나로 판단한다. 결국 의학계에서는 빙의 치료를 위해서는 여전히 환자의 상황에 대한 정확한 진단을 바탕으로 정신의학적 치료를 먼저 받는 것이 중요하다는 입장이다.

최면의학으로 치료 가능

●

전통적으로 빙의는 종교나 무속에 의해 다스려졌지만 정신의학의 발전에 맞춰 현대 의학계에서도 그간 이를 치료하기 위한 다양한 시도가 꾸준히 있어왔다. 현재 가장 대표적인 정신의학적 치료법으로는 최면치료를 들 수 있다. 최면치료는 일반 정신과적 치료나 심리치료 및 상담에서 진단되지 않고 해결되지도 않는 많은 질환들을 개개인이 가지고 있는 무의식이나 잠재의식을 통해 치료하려는 시도다.

변영돈 박사는 “최면은 과학적이지만 그와 함께 신비한 면도 동시에 가지고 있는 매우 독특한 분야”라며 “병의 근원이 몸과 마음의 경계선상에 있다고 보고, 그 몸과 마음의 경계선을 따라 깊숙하고 고요한 정신세계 내부로 들어가는 치료법"이라고 설명한다. 그에 의하면 최면치료의 효과는 이미 임상적으로 검증됐다. 미국 국립보건원의 의학 데이터베이스 검색사이트 '펍메드PubMed'에서는 그 성과에 대한 논문들을 어렵지 않게 찾을 수 있다.

하지만 최면치료는 과학과 이성적 차원에서 제대로 설명하거나 검증하기 어려운 무의식적 현상을 취급하기 때문에 과학성의 차원에서 부분적인 논란의 여지가 있는 것이 사실이다. 이에 대해 변영돈 박사는 최면감수성 혹은 최면성이라는 개념을 거론한다. 이는 정도의 차이는 있지만 모든 사람이 지니고 있는, 한 개인의 평생 변하지 않는 체질과 같은 것이다. 최면성은 객관적으로 측정이 가능하고 반복적 측정에도 변화가 없으며 국가와 인종 간에도 폭넓게 일반적으로 존재한다. 이러한 최면감수성의 측정을 시작으로 최면이 과학의 한 범주로 자리 잡게 됐다는 게 그의 설명이다.

물론 의학계에서 말하는 최면 의학은 빙의를 영적 현상으로 인정하는 일부의 견해와는 구분된다. 빙의를 영적 현상으로 인정하는 최면은 '뉴에이지New Age'를 믿는 이들이 하는 행위로서 이는 종교치료의 일종이며 정식 최면의학이 아니다. 의학계는 최면 중 나오는 내용을 개인의 무의

플라시보 효과placebo effect

의학 성분이 전혀 없는 약이라도 환자의 심리적인 믿음을 통해 치료 효과가 나타나는 현상을 말하는데, 위약효과(僞藥效果)라고도 한다. '플라시보(placebo)'는 라틴어 '마음에 들다'에서 온 말로 가짜 약을 의미한다. 만성질환이나 심리상태에 영향을 받기 쉬운 질환에서는 이 플라시보를 투여해도 효과를 보는 경우가 있다. 특히 정신적인 질병인 경우 효과가 현저한데 밀가루나 설탕을 반죽한 알약을 환자가 좋은 약으로 알고 복용하면 질병이 치료되는 경우가 있다.

식, 즉 환상과 환각으로 보는 반면 뉴에이지를 믿는 이들은 최면이 과학이므로 최면을 통해 언급된 환생, 전생, 빙의 등도 과학적이라 생각한다.

이 둘의 차이에 대해 변영돈 박사는 다음과 같이 덧붙인다. "영혼은 과학의 범주가 아니다. 영혼은 종교의 문제며 종교는 과학적 증명이 불가능한 영역이다. 그래서 과학은 영혼의 존재를 증명해주지도, 영혼이 없다고 증명할 수도 없다. 과학적 최면이란 영혼의 존재를 객관적 사실이라고 생각하지 않는 것이라고 이해하면 쉬울 것 같다. 따라서 뉴에이지에서 행하는 전생퇴행이나 그와 유사한 것을 치료의 방법으로 사용하지 않는다."

강한 정신력이 최선의 예방

●

과학이 영혼의 존재를 증명할 수 없다는 것은 곧 빙의의 실체 역시 규명이 불가하다는 얘기와 같다. 죽은 이의 영혼이 침입한 것인지, 해리성 장애의 일종인지 지금으로선 단언하기 어렵다.

뉴에이지New Age

20세기 이후 나타난 새로운 가치를 추구하는 영적인 운동 및 사회활동, 뉴에이지 음악 등을 종합해서 부르는 용어. 점성학에 어원의 기반을 두고 있는 이 운동을 창시한 이들에 의하면, 현대는 새로운 세대(New Age)로서 물병자리 시대가 시작되었다고 한다. 그러므로 새 시대, 뉴에이지를 물병자리 시대, 즉 '아쿠아리우스(Aquarius) 시대'라고도 부른다. 유일신 사상을 부정하고 범신론적이며, 개인이나 작은 집단의 영적 각성을 추구하는 경향이 있는 뉴에이지 운동은 현대인의 생활 속에도 자연스럽게 파고들었다. 예를 들면, 클래식과 팝뮤직의 조화를 이루고 있는 뉴에이지 음악은 심리치료, 스트레스 해소, 명상음악 등으로 사용되고 있으며, 인간 의식의 무한한 가능성을 확장 계발함으로써 인간이 신격화되는 뉴에이지 계열의 책들도 널리 읽히고 있다.

우리가 기억해야 할 점은 빙의 현상 자체가 온전한 미신이든 혹은 실재하는 현상이든 이것이 TV나 영화에 등장하는 소수의 사람들에게 국한된 일이 아닐 수 있다는 사실일 것이다. 특정 상황에 노출되면 누구든 빙의의 피해자가 될 수 있다. 그 조건 역시 앞서 밝혔듯 자기 몸 안의 정기보다 강한 귀기나 살기와 맞닥뜨렸을 때만을 의미하지 않는다. 극심한 스트레스를 받거나 마음의 상처를 입는 경우에도 심리적 면역력이 낮아져 빙의를 겪을 수 있다고 전문가들은 입을 모은다. 죽은 이의 영혼과 유관한지 무관한지를 떠나서 말이다.

결국 빙의에 걸리지 않는 것이 최선의 방책이라면 예방법은 정신 단련으로 모아진다. 의학계나 종교계 모두 강한 정신력의 소유자들은 빙의를 피할 수 있다는 부분에서만큼은 의견의 일치를 보고 있기 때문이다. 현재 과학계에서는 전통적 과학으로 검증할 수 없는 인간의 주관적 내면이나 경험 등 초자연 현상에 대한 학문적 관심을 적극적으로 드러내고 있는 상태다. 따라서 머지않아 빙의의 실체가 명명백백하게 밝혀질 수도 있다. 하지만 그 날이 올 때까지는 경험자와 비경험자, 의학계와 종교계의 생각이 첨예하게 대립하는 미스터리 영역에 남아 있을 수밖에 없다.

현대의학에서는 빙의를 개개인이 가지고 있는 무의식이나 잠재의식으로 보고 최면의학으로 접근하고 있다.

유전자 결정론의 진실과 논란

최근 우리나라 과학출판계를 이끌어간 스타 저자를 꼽으라면 당연히 리처드 도킨스Richard Dawkins이다. 영국 출신의 동물행동학자이자 옥스퍼드 대학 교수인 그는 대표작인 《이기적 유전자 The Selfish Gene》에서 유전자 결정론genetic determinism의 영향을 받은 사회생물학적 이론을 발표하여 세계적으로 큰 파장을 불러일으켰다. 그리고 이 파장은 우리나라에도 상륙했다.

사실 《이기적 유전자》는 지금으로부터 무려 30여 년 전인 1976년에 초판이 발행된 책이고, 한국어판도 1993년에 이미 나온 것이어서 '화제의 신간'이라고 보기는 어렵다. 하지만 현재 우리나라에서 인기몰이를 하고 있고, 여러모로 논란의 대상이 되고 있는 것은 이 책이 담고 있는 메시지가 한국인들이 품고 있는 정서, 좀 더 포괄적으로 얘기한다면 시대정신과도 어느 정도 맞아 떨어지는 부분이 있기 때문일 것이다.

유전자 결정론의 이론적 배경과 요체

●

유전자 결정론이란 한마디로 요약하면 유전자가 인간의 본능을 결정짓는다는 것이다. 이를 다시 과학적으로 표현한다면 유전자가 소속 개체의 신체적·행동적 표현형을 결정한다는 것이다. 이 같은 이론을 수용하면 유전자만 보고도 그 개체가 어떤 모습을 할지, 어떤 질병에 걸릴지, 그리고 어떤 행동양식을 보일지 예측할 수 있다. 유전자 결정론의 이론적 기반으로는 현대 생물학에 지대한 영향을 끼친 찰스 다윈의 진화론과 그레고어 멘델의 유전학을 들 수 있다.

다윈은 《종의 기원》에서 환경에 가장 적합한 형질을 가진 개체만이 살아남아 번식함으로써 진화가 일어난다는 적자생존설을 주장했다. 또한 멘델의 유전학은 생물의 형질을 결정하는 불변의 인자(당시에는 유전자의 존재가 알려져 있지 않았다)를 가정하고 이것이 어떻게 작용하는지를 파헤

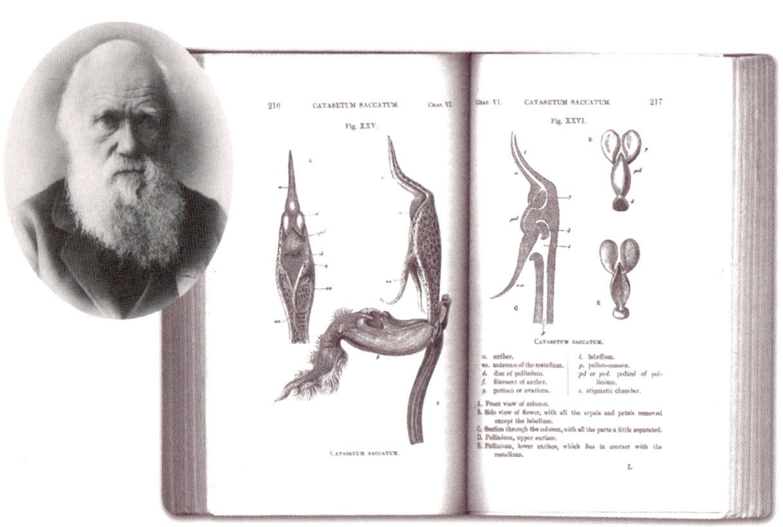

APS박물관에 보관되어 있는 《종의 기원》 사본과 찰스 다윈

친 것이다. 멘델의 실험결과 생물의 형질에 영향을 끼치는 인자, 즉 유전자가 분명히 존재하며 우성 유전자가 열성 유전자를 압도해 발현된다는 것이 증명됐다. 이 같은 멘델의 유전 법칙은 생물의 설계도라고 할 수 있는 유전자의 존재를 입증함으로써 유전자를 해독하면 생물체의 형질을 미리 알 수 있다는 생각을 유포시켰으며, 또한 다윈의 진화론에 탄탄한 이론적 뒷받침을 제공했다. 즉 진화란 열성 유전자에 대한 우성 유전자의 승리의 기록이라는 것이다.

그런데 리처드 도킨스는 여기서 한 발 더 나아가 인간, 아니 모든 생물은 유전자의 명령을 받아 그 생물을 보호하고 복제해 나가는 이기적인 생존 기계라고 주장한다. 앞서 말한 신체적 · 행동적 표현형뿐만 아니라 인간의 각종 사회적 행동 역시 유전자의 보존과 복제를 가장 효율적으로 수행하기 위한 수단에 불과하다는 것이다.

그의 주장은 현대사회의 인간 행위 중 상당 부분을 명쾌하게 설명해주는 구석이 있다. 예를 들어 사회적으로 큰 성공을 거둔 남성은 아나운서나 유명 연예인 등 평균 이상의 수준, 특히 외모 면에서 뛰어난 여성을 배우자로 선택하는 경향이 강한데, 이 경우를 도킨스식의 유전자 결정론으로 설명하면 명료해진다. 즉 생존 경쟁에서 승리해 그 유능함이 입증된 남성의 유전자가 생산력이 왕성하고 매력적인 여성의 몸을 번식의 도구로 선택한다는 것이다. 이기적인 사람들이나 성질 더러운 사람들 때문에 사회생활이 팍팍하고 힘든 것도 도킨스식으로 따지면 명쾌하게 답이 나온다. 이는 모든 인간 개체가 한정된 자원을 놓고 싸우는 투쟁의 일환이기 때문에 전혀 이상하거나 문제될 것이 없는 것이다.

이 같은 유전자 결정론은 로빈 베이커Robin Baker의 《정자전쟁Sperm Wars: Infidelity, Sexual Conflict, and Other Bedroom Battles》에서도 되풀이된다. 진화생물

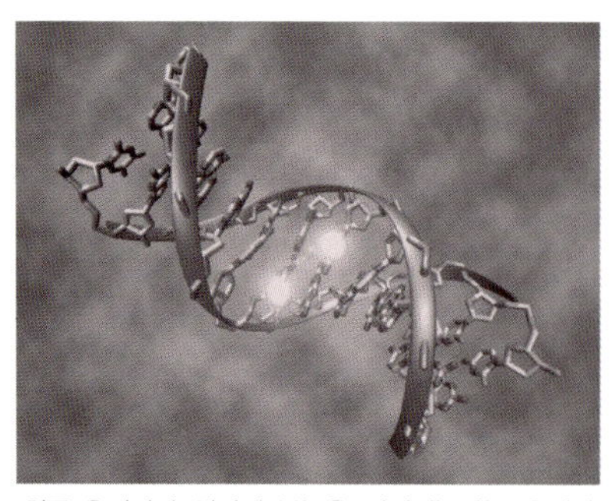

최근 유전자가 인간의 본능을 결정짓는다는 유전자 결정론이 맹위를 떨치고 있다.

학자인 그는 자위행위를 하는 여자의 모습, 외도의 현장, 집단 성교, 강간에 이르기까지 인간의 섹스에 관한 모든 것을 까발린다. 특히 '부부관계에서 태어나는 자녀의 10퍼센트는 아버지가 따로 있다', '여자는 배우자보다 일시적인 외도 상대의 아이를 임신할 확률이 훨씬 높다' 같은 도발적인 주장도 제기한다. 하지만 이 책의 요지는 결국 인간의 성을 설명하는 단 하나의 키워드가 정자전쟁이라는 것이며, 이는 결정적으로 유전자 결정론과 맥이 닿아 있다. 유전자 결정론은 이 같은 명쾌함 때문에 열렬한 추종자들을 많이 거느리고 있는데, 이들은 인간의 모든 사회적 행위, 특히 이기적인 욕구를 충족시키기 위한 모든 대립 행위를 유전자라는 것으로 완벽히 설명할 수 있다고 믿어 의심치 않는다.

한 가지 재미있는 것은 도킨스 자신은 유전적 결정론자가 아니라고 부정했다는 점이다. 하지만 그의 주장은 아무리 봐도 유전적 결정론의 입장을 강화한 사회생물학일 수밖에 없다.

유전자 결정론과 유물론

●

유전자는 32억 개에 이르는 염기서열의 암호기호로 된 정보다. 이 정보가 바로 특정 표현 형질을 발현시키는 역할을 한다. 유전자 결정론을 추종하는 사람들은 특정 유전자가 각각 특정 부위의 형질 또는 생명현상과 1 대 1로 대응한다는 생각을 갖고 있다. 이 개별 유전자가 그에 해당하는 표현형질을 결정하고 있다는 게 유전자 결정론의 요체인 것이다.

도킨스의 이론이 너무나 급진적이기 때문에 그 앞에서 중립을 지킬 수 있는 사람은 거의 없다. 실제로 찬성하는 사람들보다 더 많은 수의 사람들이 유전자 결정론에 반감을 품고 있다. 가장 크게 반발하는 사람들은 역시 각국의 종교인과 철학자들이다. 한낱 생명체의 설계를 담당하는 물질인 유전자가 생명체의 형질은 물론 정신과 사회적 행동까지 좌우한다는 것은 인간의 감정과 정신까지 철저히 물질에 예속된다는 극도의 유물론적 주장과 같기 때문이다.

더욱이 도킨스의 주장을 적용하다 보면 개인 간의 이기적인 욕망으로 충돌이 생겨 약한 개인이 피해를 입는 것도 인간의 진화에 있어 너무나 당연한 일이 된다. 또한 이타심이나 희생정신 같은 도덕적 가치판단조차 결국은 유전자의 생존을 위한 고도의 이기적 전략에 따른 것이 된다. 이 같은 관점에서 보면 인간의 한계를 뛰어넘는 초월적 목표를 추구하는 기존의 윤리나 종교는 완벽히 의미가 없어지는 것이다.

또 다른 유전자 결정론자인 에드워드 윌슨Edward Wilson은 한걸음 더 나아가 인간의 각종 행동과 판단을 연구하던 인문학과 사회과학이 유전자 결정론에 입각한 사회생물학의 분과로 편입될 것이라고 주장했다. 기존의 인문학과 사회과학은 인간의 사회적 행동을 명쾌하게 설명하지 못했기 때문에 모든 인간 행동에 설득력 있는 설명이 가능한 유전자 결정론이야말로 이들 학문을 대체할 수 있는 대안이라는 것이다. 사정이 이러하다 보니 기존의 윤리학, 종교학, 인문학, 그리고 사회과학 관계자들이 유전자 결정론에 발끈하는 것도 무리는 아니다. 물론 윌슨의 호언장담

유전자 결정론에 불을 지핀
리처드 도킨스

에도 불구하고 기존 학문들이 유전자 결정론에 통합될 것 같지는 않지만 말이다.

불행의 흔적과 우려

●

유전자 결정론이 내포하고 있는 문제점은 이것뿐만이 아니다. 유전자 결정론에 따르면 인간 세상은 유전자가 인간의 몸을 빌려 펼치는 서바이벌 게임이기 때문에 인간 세상에서 벌어지는 모든 불평등, 갈등, 차별, 대립 등 현 상태의 각종 문제점은 문제가 되지 않는다. 오히려 인간 유전자의 보다 나은 진화를 위해서는 이 같은 갈등을 더욱 부추기고 강자에 의한 약자 지배를 심화시켜야 한다는 무시무시한 결론이 도출될 수 있다. 다시 말해 유전자 결정론을 엄밀하게 적용한다면 강간에서부터 인종 말살에 이르기까지 인류가 저지른 모든 범죄는 '유전자의 명령'이라는 단 한마디로 면죄부가 주어질 수 있다.

인류는 유전자와 관련하여 불행한 흔적을 많이 가지고 있다. 인권 선진국인 미국만 하더라도 그렇다. 미국은 1920년대 우생학적 차별을 전제로 한 이민제한법을 통과시켰다. 당시 유럽의 빈민과 유색인종의 이민이 폭증하자 앵글로-색슨계가 희석될 것을 우려해 이 같은 법안을 만든 것이다. 또한 1911년부터 1931년까지 20여 년간은 30개 주에서 정신박약인의 강제불임이 법제화됐다. 이 같은 악법은 1960년대 들어와 대부분 폐기됐지만 버지니아 주에서는 1970년대까지 불임시술을 강행했다. 이 같은 상황은 스웨덴, 노르웨이, 핀란드, 아이슬란드에서도 자행됐으며 독일은 무려 40만 명 이상을 불임시킨 후 학살했다.

이 같은 상황을 전제로 하면 유전자 결정론은 자민족의 우월성을 입증하고, 약소민족을 침략하는 이데올로기적 바탕이 됐던 우생학이나 인종학의 전철을 답습할 수 있다. 또는 범죄나 유전병을 예방 관리한다는 목적으로 관련 유전자를 가진 사람을 차별하는 이론적 기반을 제공할 수도 있다. 물론 유전자 결정론의 논리에 대한 비판도 쏟아지고 있다. 과연 유전자만이 생물의 형질과 행동을 결정하는 유일하고도 절대적인 요소냐 하는 것이다.

똑같은 유전자를 물려받아 한 몸에 두 사람이 달린 샴쌍둥이의 경우에도 한 개체는 병에 걸렸는데 다른 한 개체는 건강한 경우가 있다. 이것은 유전자뿐만 아니라 두 개체가 겪은 각종 환경적 요소까지 완전히 동일한 경우이기 때문에 단순히 유전자 때문에 한 개체에만 병이 생겼다고 보기는 어려운 것이다.

단일 유전자와 완벽히 1 대 1로 대칭되는 형질은 사실상 얼마 되지 않

리처드 도킨스Richard Dawkins

영국의 동물행동학자, 진화생물학자 및 대중과학 저술가인 그는 1941년 케냐 나이로비에서 태어나 옥스퍼드대학을 졸업했다. 옥스퍼드대학의 '대중의 과학이해를 위한 찰스 시모니 석좌교수'를 거쳐 현재는 옥스퍼드대학 뉴칼리지에 소속되어 있다. 동물행동학에 정통할 뿐만 아니라 분자생물학, 집단유전학, 발생학 등 과학 분야와 일반교양 분야까지 지식의 폭이 넓은 도킨스는 왕립협회와 왕립문학원 회원이기도 하다.

그의 대표작인 《이기적인 유전자》는 1976년 출간 이후 30년 넘게 과학계를 떠들썩하게 한 세기의 문제작이며, 창조론과 진화론의 대립 양상을 밝힌 《눈먼 시계공》은 영국 '왕립학회 문학상'과 '로스앤젤레스 타임스 문학상'을 수상했다. 출간과 동시에 과학계와 종교계에 뜨거운 논쟁을 불러일으킨 《만들어진 신》은 신이 존재하지 않음을 과학적 논증을 통해 증명하면서, 그동안 종교의 잘못된 논리가 세계사에 남긴 수많은 폐단을 지적한 명저로 평가받고 있다. 그 외에도 《지상 최대의 쇼》, 《확장된 표현형》, 《불가능의 산을 오르기》, 《악마의 사도》 등 수많은 책을 출간했다.

고, 인간의 형질은 여러 가지 유전자가 대단히 복합적으로 작용해 나타난다. 당연히 생물이 생장하면서 받은 환경의 영향이나 학습한 내용도 형질과 행동의 발현에 큰 영향을 끼친다. 그런데도 유전자 결정론은 이 같은 점을 완전히 무시하고 있다.

유전자 결정론의 득세

●

많은 비판과 자체적인 문제점에도 불구하고 도킨스나 윌슨이 주장하는 유전자 결정론적 시각은 꽤 많은 사람들에게 받아들여지고 있다. 왜 그럴까.

우선 대중은 현상에 대해 명쾌한 해답을 제공해주는 이론을 좋아한다. 이론의 진실 여부보다도 결론을 도출해내는 형식이 말이 된다고 여겨지면 그것을 따른다. 좋은 예가 바로 혈액형 등의 의사과학적 기준으로 인간을 판단하려는 대중들의 모습일 것이다. 게다가 대중의 평균적인 생물학적 지식 수준을 놓고 볼 때 유전자 결정론은 무한경쟁에 지친 그들의 삶에 꽤나 명쾌한 해답과 의미를 제공해준다. 특히 현대를 살아가는 대중의 머릿속에는 이미 기계론적 세계관이 철저히 자리 잡고 있다. 기계론적 세계관의 특징 중 하나는 전체를 부분으로 분해한 후 부분에 대해 철저히 알면 전체에 대해 알 수 있다는 것이다. 마치 기술자가 처음 보는 가전제품을 분해하여 각 부품의 기능을 알아내고 급기야 완성품의 동작 원리를 알아내듯이 인간에 대해서도 그 같은 해석이 가능하다는 사고가 자리 잡고 있는 것이다.

또한 그 같은 해석을 어느 정도 가능하게 해준 생명공학의 급속한 발전도 빼놓을 수 없다. 이미 인류는 지난 2003년 인간 유전자 배열을 완전히 해독하는 데 성공했다. 이에 따라 앞으로 인간 유전자 연구가 더욱 진척되면 인간의 모든 행동과 형질을 유전자만 보고도 알 수 있다는 생각을 갖게 될 우려가 있다.

유전자 결정론자들은 어디까지나 인간 행동과 형질이 왜 그런 방식으로 나타나는지를 밝히려고 할 뿐이지 그것을 정당화하려는 것은 아니라고 주장한다. 유전자 결정론적 시각은 어디까지나 인간의 형질과 행동을 설명하는 하나의 이론일 뿐 법칙이 아니라는 것이다. 하지만 역사를 살펴보면 과학이 편협한 이데올로기를 정당화하는 시녀가 된 사례는 너무나도 많다. 이 같은 우를 범하지 않도록 학계 안팎에서 끊임없이 지켜보는 것이 무엇보다도 중요하다고 할 것이다.

사람을 냉동 상태로 보존하는 '인체 냉동보존술'과 그 대상이 되는 '냉동인간'은 SF영화의 단골 소재다. 하지만 이것은 단순히 영화 속 가상의 산물만이 아니다. 오늘날 냉동인간은 실제로 존재한다. 다만 영화 〈데몰리션 맨〉(1993)에서와 달리 아직은 잠에서 깨어나지 못하고 있을 뿐. 냉동인간은 과연 부활에 성공할 수 있을까.

개구리나 금붕어를 영하 196도의 액체질소에 넣으면 한겨울의 동태처럼 꽁꽁 얼어버린다. 하지만 곧바로 이를 미지근한 물에 넣어 해동시키면 얼마 지나지 않아 아무 일 없었다는 듯 살아 움직인다. 이러한 과학실험을 직접 해보거나 혹은 TV를 통해 목격한 일이 있을 것이다. 누가 봐도 생명을 부지하기 힘든 상황에서 개구리와 금붕어가 회생할 수 있었던 비밀은 초저온 액체질소에 있다. 이를 사용하면 얼음결정이 형성될 시간조차 없을 만큼 빠르게 동결이 완료돼 세포막의 파열을 막을 수 있다. 분명히 숨은 멎었지만 세포는 죽지 않았으므로 해동을 통해 세포가 살아나면서 소생하게 되는 것이다.

그렇다면 개구리가 아닌 사람도 동일한 방식을 통해 냉동과 소생이 가능하지 않을까. 암이나 에이즈 같은 불치병에 걸려 시한부 인생을 살고 있는 사람들을 냉동시킨 뒤 치료법이 개발된 미래에 소생시켜 삶을 이어갈 수 있도록 말이다. 또한 이는 난치병이나 불치병, 원인불명의 희귀질환을 앓는 환자는 물론 알츠하이머 등 평생토록 정상적 삶을 영위할 수 없는 정신질환자들에게도 큰 희망이 될 수 있다. 이렇게만 되면 생명연장이라는 인류의 오랜 꿈이 현실의 영역으로 들어오게 된다.

현실 속 냉동인간

●

한 장의 사진이 인터넷을 뜨겁게 달군 적이 있다. 사진의 주인공은 160여 년 만에 세상에 모습을 드러냈다는 한 냉동인간. 두 눈을 반쯤 감은 채 입을 벌리고 누워 있는 그의 얼굴은 놀라울 만큼 살아 있는 사람 그대로의 형체를 유지하고 있었다.

알려진 바에 따르면 그는 1845년 북극을 탐험하던 중 사망한 존 토링톤John Torrington이란 이름의 탐험가다. 사망 이후 줄곧 얼음 속에 방치돼 있다가 1983년 처음 발견됐으며 온갖 우여곡절 끝에 1998년 냉동인간 관련 연구를 진행 중이던 독일의 한 연구팀에 의해 그 존재가 외부로 알려졌다. 2008년에는 한 국내 방송이 토링톤의 부활에 성공했다는 독일 연구팀의 주장을 전하기도 했다. 부활했다는 토링톤의 모습이 공개된 바 없어 진위여부는 여전히 논란거

160년 만에 모습을 드러낸
냉동인간 존 토링톤

리지만 이 소식은 많은 이들을 경악케 하기에 충분했다.

이뿐만이 아니다. 1979년 생을 마감한 미국의 전설적인 배우 존 웨인 John Wayne이 현재까지 냉동인간으로 보존돼 있다는 설도 있다. 1940~50년대 할리우드의 대표배우였던 그는 1954년 영화 〈징키스칸〉을 찍을 당시 암 선고를 받았는데 영화 촬영지가 미국 핵실험 장소였음을 알고 정부를 상대로 고소를 준비했다. 그러자 미국 정부가 웨인에게 최고의 의술을 제공하는 한편 치료에 성공하지 못하면 냉동인간으로 만들어 훗날 소생시켜주겠다는 약속을 했다는 것이다. 이를 믿는 사람들은 그의 시신이 냉동된 채 워싱턴의 한 지하벙커에 있다고 주장한다.

물론 이런 이야기는 말 그대로 설에 불과하다. 하지만 우리 주변에는 설이 아닌 실제 냉동인간들이 존재한다. 서구에서는 1960년대 후반부터 냉동인간 연구를 본격 시작했으며 지금껏 적지 않은 사람들이 그 가능성을 믿고 자신의 신체를 냉동시키는 데 동의했다. 공식적(?)인 최초의 냉동인간은 암으로 시한부 인생을 살던 미국의 심리학자 제임스 베드포드 James H. Bedford다. 그는 73세였던 1967년 미래에 암 치료법이 나오기를 희망하며 냉동인간이 되기를 자처했고, 현재까지 액체질소를 채운 금속 용기 안에 동결된 상태로 안치돼 있다.

냉동인간을 말할 때 인체 냉동보존 서비스 기관을 빼놓을 수는 없다. 세계적으로 가장 유명한 곳은 미국 애리조나에 위치한 알코르생명연장 재단Alcor Life Extension Foundation으로 인체 냉동보존 연구와 실행을 목적으로 하는 비영리 단체인 이 재단은 1972

냉동인간으로 보존되어 있다는 설이 있는 영화배우 존 웨인

년부터 인체 냉동보존 서비스를 제공하고 있다. 재단 의료진들은 냉동인간을 생체적으로 여전히 살아 있는 사람으로 간주한다. 그들은 모든 조직과 세포가 일시적으로 활동을 정지한 것일 뿐 사망한 것은 아니라고 보기 때문에 냉동인간을 '환자' 라고 부른다.

현재 약 100여 명의 냉동인간이 이곳에서 부활의 날을 손꼽아 기다리고 있으며 냉동인간이 되기를 희망하는 회원수만 1000여 명에 이른다고 알려져 있다. 냉동된 사람들의 신분은 대부분 비밀에 부쳐지지만 보스턴 레드삭스의 전설적인 타자 테드 윌리엄스나 할리우드 최고의 영화 제작자 월트 디즈니 등 우리가 익히 알고 있는 유명 인사도 적지 않다고 한다. 그중에 한국인 고객이 있다는 말도 들린다.

인체 냉동보존술

●

혹시라도 알코르 재단의 회원이 되고 싶은가? 그렇다면 우선 마흔 살 무렵 미리 정밀 검사를 받고 냉동보존과 관련된 준비를 마쳐야 한다. 그리고는 위치 추적 팔찌를 차야 한다. 이 팔찌를 차고 있으면 죽음에 임박할 즈음 재단의 특수차량이 나타나 당신을 재단으로 수송해 갈 것이다. 만일 냉동인간 보존처리가 시작되기 전에 심장이 멈추면 의료진이 신속히 심폐소생술을 시행하여 호흡을 되살리고 산소 부족에 의한 뇌 손상을 막는다.

인체 냉동보존술은 앞서 언급한 개구리나 금붕어처럼 액체질소 속에 몸을 통째로 넣어 얼려버리는 것이 아니다. 그 어떤 생물보다 복잡한 생체구조를 지닌 사람의 냉동은 개구리의 경우와는 차원이 다르다. 알코르 재단에서 시행 중이라는 냉동보존술은 대략 이렇다.

먼저 시신의 가슴을 절개해 늑골을 분리한다. 그리고 변질을 막기 위해 신체를 냉각시키고 삼투압을 이용해 혈액을 비롯한 체액을 모두 제거해 체액의 동결을 방지한다. 체액이 얼면 자연히 몸의 부피가 늘어나게 되고, 수많은 혈관들을 파괴할 수 있기 때문이다. 그 다음 특수액체를 주입해 내부 기관이 손상되지 않도록 하고, 시신을 냉동보존실로 옮겨 글리세롤 같은 부동액 성질의 특수액체를 체액 대신 주입하여 저온 상태를 유지시킨다. 인체의 온도가 내려가면 체액이 조직과 세포들 사이에 얼음결정을 생성시켜 주변 세포를 손상시킬 우려가 있는데 이를 방지하기 위해 부동액을 투입하는 것이다.

이렇듯 냉동보존술에서 부동액을 이용하는 보존기술을 유리화vitrification라고 한다. 유리화는 액체가 냉각될 때 급격히 굳는 현상을 말하는데 영하 100~120도에 이르면 액체가 유리처럼 고체 상태로 변해 얼음결정의 발생을 막고 조직 형태를 고정시킨다. 이를 통해 아무런 화학반응 없이 세포를 보존할 수 있다. 다만 부동액은 독성 때문에 세포 손상의 우려가 있어 고농도를 사용하면 치명적이다. 이 문제는 미래기술이 해결해야 할 부분으로 꼽힌다.

이 같은 일련의 과정을 거친 후 신체는 액체질소로 급속 냉동되어 '듀어dewar' 라 불리는 질소탱크 속에 보존된다. 미래의 어느 날 냉동인간을 되살려낼 때는 이 과정을 거꾸로 반복한 다음 전기 충격으로 심장을 소생시키게 된다.

알코르 재단에서는 몸 전체는 물론 뇌나 장기만을 따로 보존해주는 서비스도 제공한다. 보통 전신 보존에 약 15만 달러, 뇌만 보존하는 데는 약 8만 달러의 비용을 지불해야 한다. 뇌만 보존하는 이유는 미래에는 머리만 있다면 몸까지 재생할 수 있을 것이라는 믿음에 기인한다. 결코

만만찮은 비용이 소요됨에도 불구하고 현재 많은 사람들이 냉동인간이
되기 위해 알코르 재단이나 이와 유사한 기관과 접촉하고 있는 상태라고
한다.

현재의 냉동보존술은 미국이 선도하고 있지만 다른 여러 나라에서도
앞다퉈 현실화 방안을 찾고 있다. 국내에서도 최근 극한의 추위에서 생
존하는 극지생물을 통해 생물의 냉동보관에 필수적인 결빙 방지 단백질
을 대량 생산하는 기술을 개발함으로써 냉동 후 해동하여 되살리는 확률
을 높이는 데 성공한 바 있다.

열쇠는 나노기술

●

1962년 미국의 물리학자 로버트 에틴거Robert Ettinger는 사람을 냉동시켜
보존하는 것이 가능하며 해동시키면 다시 살아난다는 주장으로 학계를
놀라게 했다. 국내에서 《냉동인간The Prospect of Immortality》이란 제목으로
출간된 그의 저서는 영화에서나 가능하다고 생각했던 인체 냉동보존술
의 과학적 가능성을 밝힌 최초의 학술서로 평가받는다. 여기서 에틴거는
"죽음이란 제대로 보존되지 못해 다시 태어날 수 없는 상태일 뿐이다."
라고 강조한다. 또한 극단적으로 낮은 온도에서는 화학적 움직임이 완전
히 멈춘다는 과학적 사실을 전제로 하여, 쥐를 평상시 체온(섭씨 18도)보
다 한참 낮은 온도로 1시간 이상 냉각시켰다가 이전의 기억을 유지한 채
완벽히 소생시킨 사례를 소개하고 있다. 이런 사실을 바탕으로 그는 가
까운 미래에 과학기술이 비약적인 발전을 할 것으로 기대하며 냉동인간
의 부활을 확신했다. 심지어 자신의 1000번째 생일에 친지들을 미리 초
대해두기까지 했다고 한다.

그러나 에틴거가 이 책을 집필한 후 50여 년이 흐른 지금까지도 인체 냉동보존술은 여전히 미완의 기술로 남아 있다. 현재의 기술 수준으로는 인체의 전체가 아닌 일부 인체기관을 냉동시킨 후 정상적인 상태로 해동하여 재건해내는 정도만 가능하다. 물론 전문가들은 개구리 같은 작은 생물이나 인체 장기를 냉동보존할 수 있다면 냉동인간의 해법도 찾을 수 있다고 전망하고 있다.

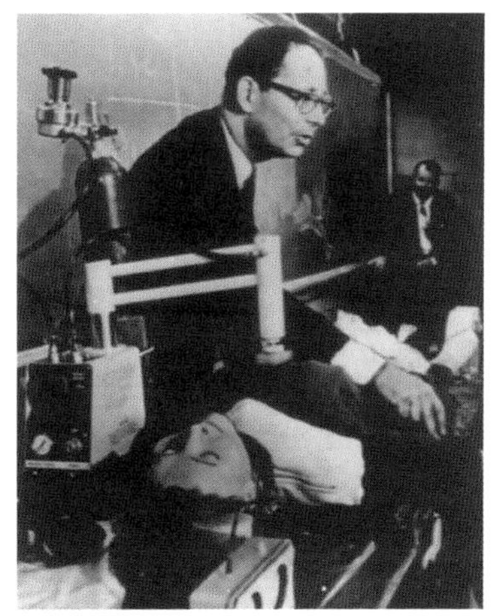

인체 냉동보존술의 과학적 가능성을 밝힌 물리학자 로버트 에틴거

냉동인간과는 개념적으로 다르지만 짧은 시간 동안 의학적으로 사망했다가 냉동보존술과 유사한 기술을 통해 기적적으로 되살아난 사람들도 있다. 예를 들어 2010년 미국에서는 심장마비로 사망 진단을 받은 여성이 이틀 동안 몸을 얼렸다 녹이는 저체온치료법으로 다시 깨어난 바 있다. 당시 의사들은 냉동 담요와 냉동 주사로 그녀의 체온을 33도까지 떨어뜨렸다. 그리고는 이틀 후 몸을 서서히 녹이자 다시 심장이 뛰기 시작했다는 것이다.

서울의 한 회사원도 비슷한 경험을 해서 화제가 됐다. 당시 의사들은 심장마비로 쓰러진 그의 몸에 차가운 식염수를 주입하는 한편 얼음주머니를 갖다 대고 물을 뿌리며 선풍기를 틀어댔다. 혈관 내에 혈액을 냉각시키는 특수 관도 심었다. 그러자 체온이 순식간에 33도까지 낮아졌고 다음날 체온을 천천히 올리자 기적적으로 의식이 돌아왔다. 현재 그는 정상적인 직장생활을 하고 있는 것으로 알려져 있다.

하지만 이러한 사례를 꿈의 냉동보존술로 보기에는 한참 부족하다. 장기간 극저온 상태로 냉동된 인체를 회생시키는 완전한 의미의 냉동보존술 실현에는 산더미 같은 기술적 난제가 남아 있다. 그중에서도 최대의 난제는 뇌세포의 복구다. 뇌는 소우주라 불릴 만큼 다른 어떤 기관보다 민감하고 복잡하기 때문이다. 사실 신체가 성공적으로 소생된다고 해도 냉동 전의 기억이나 의식을 모조리 잃는다면 소생의 의미가 없을 것이다.

해법은 없을까. 학계에서는 그 열쇠의 하나로 나노기술에 주목한다. 분자와 원자 단위까지 조작이 가능한 나노기술로 냉동인간의 소생 시 발생할 수 있는 문제점들을 해결해낼 수 있으리라는 기대감이 크다. 일례로 나노미터(㎚) 크기의 컴퓨터 센서와 작업 도구 등을 탑재한 나노로봇이 개발된다면 손상된 세포의 회생이 가능해진다. 나노로봇은 백혈구처럼 인체의 조직 속을 돌아다니며 세포막을 여닫고, 세포 안팎으로 들락거리며 세포와 조직의 손상된 부위를 수리할 수 있기 때문이다. 물론 그 이전에 뇌 과학의 비약적인 발전을 통해 기억 보존 메커니즘이 명확히 밝혀져야 하겠지만 말이다.

과학과 망상의 경계

●

에틴거가 책을 출간할 당시에는 나노기술이 세상에 없었다. 하지만 지금은 거의 상용화 단계에 접어들었다. 알코르 재단 의료진을 비롯한 다수의 전문가들은 최근의 과학 발전 속도를 고려했을 때 대략 2040년경 냉동인간 소생술이 개발될 것으로 예견하고 있다. 기술적 측면에서는 그렇게 멀지 않은 미래에 현실화될 수 있는 개념인 셈이다.

그렇지만 이는 전망일 뿐 장담할 수 있는 사람은 아무도 없다. 30년쯤 지나면 소생할 수 있을 것으로 믿었던 제임스 베드포드가 언제쯤 회생 조치가 취해질지도 모른 채 벌써 40년이 넘도록 냉동상태를 유지하고 있음을 우리는 기억해야 한다.

일각에서는 과학이 아무리 발달해도 냉동인간의 소생 가능성은 없다고 단정하기도 한다. 사람이 죽으면 세포는 곧바로 부패하며 인체를 액체질소에 보관하거나 극저온 응결시키는 방식은 인체 조직에 치명적인 해를 끼칠 수 있다는 이유에서다. 앞서 밝혔듯 이는 알코르 재단 등 전 세계 모든 냉동보존 서비스 기관들이 극복하지 못한 과제다. 때문에 냉동보존술은 과학이라는 미명 하에 행해지는 혹세무민의 전형이며 미완의 기술을 담보로 대중에게 헛된 망상을 부추기고 있다는 비판도 끊이지 않는다.

아울러 이 문제는 윤리, 철학, 종교와도 깊이 연루되어 있다. 과연 인체를 냉동시키는 방법으로 생명을 연장하는 것이 옳은 것인지를 두고 첨예한 논란이 일고 있는 것이다. 이에 대해 에틴거는 우리가 가지고 있는 삶과 죽음에 대한 고정관념에 이의를 제기하며 냉동인간도 살아 있는 사람과 마찬가지로 법적·제도적 권리를 보장받아야 한다고 주장했다. 그러나 아직까지도 이에 대한 대중적 거부감이 완전히 불식된 것은 아니다.

액체질소 liquid nitrogen

질소를 액화한 것으로서, 대기 압력 하에서 −196℃에서 액체로 존재한다. 임계온도는 −147.21℃이며, 임계압력은 33.5atm이다. 질소는 2원자 분자로서 공기 부피의 80%를 차지하는 기체 원소이며 공업적으로는 공기의 분별액화(分別液化)로 얻을 수 있고, 화학적으로는 염화암모늄과 아질산나트륨의 혼합액을 70℃로 가열하여 분별증류로 얻는다.

결론적으로 지금으로서는 냉동인간의 성공적인 부활 여부를 장담할 수 없는 상태다. 한 가지 분명한 사실은 이것이 인류의 오랜 소망과 직결된, 그리고 존재의 의미와 가치를 혁신적으로 바꿔놓을 매우 흥미진진한 '사건'이 될 것이라는 점이다. 만일 우리의 바람대로 안전하고 성공률 높은 인체 냉동보존술이 완성된다면 세상은 어떻게 달라질까. 아마도 일상 곳곳에서 수없이 많은 놀라운 일들이 뒤따를 것이다. 100세, 200세는 물론 1000세가 훌쩍 넘는 사람들이 넘쳐날 것이며 나이에 대한 개념이 아예 사라질지도 모른다. 태어난 지 1000년이 지난 20세 청년이 거리를 돌아다닐 것이기 때문이다. 뿐만 아니라 질병이나 죽음의 의미도 크게 달라질 것이며 소생 후 새로운 미래사회에 적응하는 일이 인류와 사회의 주요한 숙제로 떠오를 수 있다. 어쩌면 코미디 영화 〈이디오크러시〉의 주인공 조처럼 얼음 속에 안치됐다가 500년이 지난 어느 날 깨어났더니 바보들만 우글거리는 미래사회에서 가장 똑똑한 사람이 돼 있을지도 모를 일이다.

베일에 싸인 동물들의 초감각

모든 생명체는 주변 환경에 반응하고 그것을 적절히 수용하고 소화할 수 있는 감각능력을 지니고 있다. 인간이 일상생활을 영위하는 데 사용하는 시각, 청각, 후각, 미각, 촉각 등이 모두 여기에 속한다. 하지만 이 같은 오감만이 감각의 전부는 아니다. 인간과는 전혀 다른 방식으로 세계를 인식하는 동물들은 그 이상의 감각을 발휘하기도 한다. 우리가 상상조차 할 수 없는 매우 특별한 힘을 말이다.

2008년 5월, 전 세계를 공포에 떨게 한 사건이 발생했다. 리히터 규모 7.8의 중국 쓰촨성 대지진이다. 약 2분간 지속된 이 지진은 원자폭탄 252개를 한꺼번에 투하한 것과 맞먹는 수준의 위력으로 9만 명에 달하는 사상자를 냈다. 중국 최악의 참사라는 표현이 결코 과장이 아니었다. 하지만 우리를 놀라게 한 것은 이뿐만이 아니었다. 지진이 발생하기 사흘 전 진앙지 부근의 한 마을에서 두꺼비 수십만 마리가 떼를 지어 이동하는 진귀한 광경이 펼쳐졌다. 도로 인근을 새까맣게 뒤덮은 두꺼비 떼는 차에 치이거나 사람의 발에 밟히기도 했지만 아랑곳하지 않고 계속해서 한 방향으로 이동해 갔다.

현지 언론은 이런 두꺼비의 대규모 이동을 지진의 전조현상이라고 보도했다. 두꺼비에게 지진을 예측할 수 있는 특별한 능력이라도 있다는 얘기일까. 이에 대해서는 아직까지 정확하게 규명된 바가 없다. 단, 두꺼비뿐 아니라 많은 동물들이 어떤 특정 사건이 발생하기 전 갖가지 이상행동을 보인 사례는 이미 상당수 전해지고 있다.

동물들의 살아 있는 슈퍼 센서

●

미국의 어느 작은 마을에 늙은 개 한 마리가 살고 있었다. 노화로 귀가 반쯤 들리지 않는 녀석이었다. 그럼에도 이 개는 주인의 자동차가 다가오면 귀신같이 알아채고 꼬리를 흔들었다. 깨어 있을 때는 물론 자고 있을 때도 마찬가지였다. 그 집은 하루에도 수백 대의 자동차가 지나는 도

2008년 중국 쓰촨성 대지진이 발생하기 전
진앙지 부근의 한 마을에서 수십만 마리의 두꺼비가 떼를 지어 이동했다.

로 옆이었지만 개는 주인의 자동차를 족집게처럼 집어냈다. 이는 미국의 저명한 동물행동학자 윌리엄 롱William J. Long 박사의 저서《동물들은 어떻게 대화할까How Animals Talk: And Other Pleasant Studies of Birds and Beasts》에 소개된 일화다. 책에서 그는 "제조사가 동일한 두 기계의 진동 차이를 구분하려면 인간에게는 특수장비가 필요하다."며 "수백 대의 자동차 가운데 주인의 차량을 정확히 구별하는 능력은 실로 놀라운 것"이라고 감탄을 금치 못했다.

중국의 두꺼비와 미국의 늙은 개에게는 우리가 알 수 없는 예지력이라도 있었던 것일까. 그게 아니라면 어떻게 그럴 수 있었을까.

인류가 역사를 기록한 이래 동물들이 보여준 기이한 능력은 오랜 기간 미신으로 치부돼 왔다. 나라에 변고가 생길 징조라는 식으로 말이다. 그러나 오늘날 학계에서는 이를 특정 자극에 대한 반응으로 해석한다. 각 동물들은 미세한 물리적·화학적 자극을 감지하는 나름의 능력을 지니고 있다. 이는 동물들만의 '슈퍼 센서'와 관계가 있는데 슈퍼 센서는 특정 자극을 감지하는 기관, 즉 수용기receptor를 말한다. 수용기는 보통 특정한 자극을 담당하는 전문화된 '입구'로서 기능한다. 단세포 동물부터 고등동물에 이르기까지 그 구조와 모양이 서로 다른 다양한 수용기를 지니고 있으며 동물들의 수용기는 사람의 그것과는 비교할 수 없을 만큼 민감하다. 바로 이 때문에 인간이 가진 감각으로는 불가능한 부분을 신속하고 정확하게 감지해내는 것이다.

청각을 예로 들면 사람의 가청 주파수는 20~2만 헤르츠 범위다. 하지만 개는 8만 헤르츠, 박쥐는 10만 헤르츠 정도의 초음파까지 들을 수 있다. 코끼리의 경우는 12헤르츠 정도의 초저음파로 수 킬로미터 떨어진 곳에서도 의사소통이 가능하다. 그 정도로 이들의 청각 세포가 고밀도로

섭씨 0.001도의 미묘한 변화에도 반응하는 북미 방울뱀

분포되어 있다고 이해하면 된다. 이들에게는 고막이 슈퍼센서라고 할 수 있다.

촉각은 곤충이 으뜸이다. 그들의 슈퍼센서인 더듬이는 촉각에 대한 예민성을 극대화해준다. 사마귀와 같은 육식곤충인 물방개붙이의 더듬이는 무려 100만 분의 1밀리미터 진동을 감지한다고 한다. 또한 북미 방울뱀은 단연 온도 감지의 최강자로 섭씨 0.001도의 미묘한 변화에도 반응한다.

진화의 산물

●

비단 소리, 온도, 냄새, 맛처럼 인간에게도 일정 부분 익숙한 자극만이 아니다. 동물들은 압력, 전기, 자기 등에 대해서도 초감각이라고 할 만한 미세 변화를 느낀다. 인간이 가진 오감 이외에도 여섯번째 혹은 일곱번째 감각을 더 지니고 있을 수 있다는 얘기다.

자기장에 대한 슈퍼센서를 지닌 동물로는 새가 대표적인데, 잘 알려져 있듯이 새들은 지구 고유의 자기장을 파악한다. 이 능력은 평소 방향의 가늠에 쓰이지만 앞서 언급한 지진 등의 자연재해가 발생하기 전에는 지각에 나타난 압전효과piezo electric 등을 감지해 사전에 대처할 수 있다고도 한다. 그러나 과학자들은 새들이 어떤 방식으로 자기장을 감지하는지에 대해서는 오랫동안 파악하지 못했다. 최근에야 새의 부리가 슈퍼 센서의 핵심 부위임을 가까스로 알아냈는데, 부리에 자성(磁性)을 띤 결정

체가 들어 있었던 것이다. 알려진
바에 따르면 해양생물인 거북이와 고
래, 상어, 가오리 등도 새와 유사한 수
용기를 지니고 있다.

새는 부리에 자성을 띤 결정체가 들어 있어 자
연재해가 발생하기 전 지구 고유의 자기장을 사
전에 파악할 수 있는 감각을 갖고 있다.

　동물들의 이러한 특수 수용기들은 근본
적으로 수십억 년에 걸친 진화의 산물이
다. 즉 적자생존, 용불용설을 통해 조금
씩 강화된 능력이라 할 수 있다. 독일의 생물학자 울리히 슈미트Ulich
Schmid는《동물들의 비밀신호》에서 "주어진 환경 조건에 가장 잘 적응한
자에게 최고의 번식이 보장된다는 자연선택이론에 따라 진화과정에서
특이한 감각기관을 갖춘 종들이 탄생했다."고 설명했다.

　윌리엄 롱 박사는 이와는 다소 다른 각도에서 동물들의 수용기를 이해
하는데, 그는 동물은 사람처럼 내적인 현상에 제지를 받지 않는다고 강
조한다. 고통, 걱정, 공포, 후회, 불안 같은 복잡한 심리를 겪지 않기 때
문이다. 이 덕분에 동물들이 인간에 비해 훨씬 감각에 잘 의지할 수 있다
는 게 그의 결론이다. 마치 시각을 잃은 맹인이 정상인보다 청각과 촉각
에 탁월한 능력을 보이는 것 같은 이치로 해석할 수 있다. 롱 박사는 이
렇게 덧붙이기도 했다. "동물들은 몸으로 전해지는 것을 듣는 데도 익숙
하다. 긴장을 풀고 편안한 상태에서 최고급 수신기처럼 온몸으로 감각
인상sense impression을 받아들이는 것이다." 말하자면, 특정 수용기가 아
닌 온몸으로 자극을 감지하고 반응할 수 있다는 것이다. 그는 이런 특성
이 하등동물로 갈수록 더 확실하게 나타난다고도 전했다.

　동물들의 감각은 지금껏 무수히 많은 학자들이 다뤄온 주제다. 출간된
관련 서적만으로도 웬만한 도서관은 거뜬히 채우고 남을 정도다. 하지만

동물들의 다양한 감각과 그것이 환경과 맺고 있는 복잡 미묘한 상호작용은 여전히 미스터리에 가깝다.

과학으로 설명되지 않는 초능력자들

●

일각에서는 동물들의 이상행동을 예지력의 발현으로 해석하기도 한다. 동물에게 인간이 가지지 못한 특별한 초능력이 있다고 믿는 것이다. 이들은 앞서의 늙은 개가 주인의 귀가를 인지할 수 있었던 것도 단순히 뛰어난 진동 감지 수용기 덕분이 아니라 텔레파시를 발휘해 주인의 생각을 미리 읽어낸 결과라고 주장한다.

아닌 게 아니라 동물들의 모든 이상행동을 일반의 감각 능력만으로 설명하기는 힘든 것이 사실이다. 동물들은 종종 상대의 생각이나 감정을 읽어내는 듯 보이기도 하는 탓이다. 실제로 사람만 나타났다 하면 맹렬히 짖어대는 개들도 어쩐 일인지 개장수 앞에서만큼은 쥐죽은 듯 조용하다. 이리저리 시선을 피하거나 꼬리를 내린 채 구석으로 자리를 옮기기도 하고, 사시나무 떨 듯 몸을 떨거나 심지어 오줌을 지리기도 한다. 저승사자를 대면한 것처럼 극도의 긴장과 공포를 느끼는 모습이다.

개들은 어떻게 생전 처음 맞닥뜨린 개장수의 실체를 아는 걸까. 혹여 뛰어난 후각으로 특정한 냄새를 맡은 것은 아닐까. 개는 훈련을 통해 마약이나 폭약은 물론 빈대의 위치까지 정확히 탐지하며 환자의 날숨이나 대변 냄새만으로 암 발병여부를 진단할 수도 있다고 한다. 심지어 개장수가 목욕을 하고 향수를 뿌리는 등 몸에 밴 냄새를 깨끗이 제거해도 개들의 반응은 달라지지 않는다.

이를 감안하면 이 같은 개들의 행동은 어떤 수용기를 이용하여 분석적

이고 합리적인 방법으로 사태의
진상을 파악한 결과라기보다는
일종의 육감(六感)처럼 직관적인
행동에 가까운 듯 보인다. 사전적
으로 육감은 일반적으로는 도무
지 알 수 없는 사물의 본질을 직
감적으로 포착하는 심리 작용을
뜻한다. 감각기관을 거치지 않고
내·외적 사상(事象)을 인지한다

동물들의 예지력을 현대 초심리학에서 말하는 초감각적
지각으로 보는 견해도 있다.

는 면에서 현대 초심리학에서 말하는 초감각적 지각ESP과도 궤를 같이
한다.

그렇다면 육감의 근원은 무엇일까. 육감은 보통 본능적 잠재의식 속에
서 형성되는 것으로 알려져 있지만, 주지하다시피 실체가 명확히 파악되
지는 못한 상태다. 주류 학계에서는 아예 육감이라는 비이성적 현상의
존재 자체를 인정하지 않고 있다. 하지만 최근 일각에서는 육감을 첨단
과학의 보고(寶庫)인 뇌 과학적 관점에서 풀어낸다. 한 예로 공포심을 관
장하는 뇌의 편도체amygdala와 육감이 밀접한 관련을 갖고 있다는 추정이
나오고 있다. 공포심은 대체로 익숙한 상황보다는 갑자기 직면한 낯선
상황에서 느끼게 되는데, 이성적 판단을 내리기 이전의 본능적 반응에
가깝다는 측면에서 육감의 발현 역시 편도체가 주된 역할을 할 것이라는
판단이다.

일견 그럴듯한 해석이지만 뇌에는 편도체 외에도 공포심에 관여하는
부위가 존재할 뿐더러, 육감이 뛰어난 동물의 편도체가 사람보다 더 발
달했다고 단정 짓기도 어려운 일이다.

특별한 뇌

●

한편에서는 대뇌와 중뇌 사이의 간뇌diencephalon를 초감각의 발원지로 보기도 한다. 간뇌는 호흡, 체온, 혈당 등을 조절하며 활발한 신진대사를 돕는 것이 주 역할이다. 이를 위해 기본적으로 감각 제어실의 기능을 수행하는데, 감각기관으로 들어온 자극 정보를 분류하고 분석한 뒤 그 결과를 대뇌 피질의 담당 부위로 옮겨 인지시킨다. 외부 자극에 대응해 몸의 생체 기능을 조절하는 매우 특별한 기관이라 할 수 있다.

무의식의 영역인 만큼 간뇌의 정보처리 속도는 의식 영역인 좌뇌와 우뇌보다 8만 배나 빠르다. 그래서 간뇌를 활성화시키면 예지, 예감, 예견 등의 초능력을 발휘할 수 있다는 것이 간뇌 초감각 발원설을 지지하는

인류 조상의 슈퍼 센서

최근 인류의 조상이 잘 발달한 전기장(electrosensor) 수용기를 지녔다는 흥미로운 연구 결과가 나왔다. 2011년 10월 미국 코넬대학 진화생물학자 윌리 버미스(Willy Bemis) 박사팀이 인류를 비롯한 현생 척추동물 6만5000여 종이 어류인 조기아강(actinopterygian)으로부터 전기장을 감지하는 감각을 전해 받았다고 발표한 것이다. 조기아강은 5억 년 전 지구에 서식했던 것으로 알려진 고대생물이다. 진화론적 관점에서 현존하는 거의 모든 종의 조상으로 알려진 조기아강은 시력이 좋고 턱과 치아가 발달했으며 물의 움직임을 감지하는 측선기관을 지니고 있었을 것으로 추측되고 있다.

연구팀은 어류의 경우 이 측선기관이 옆구리 선으로 남아 있으며 이를 통해 전기장을 감지하고 먹이를 찾으며 상호 소통한다고 밝혔다. 하지만 안타깝게도 인간은 파충류, 조류, 포유류로 이어지는 5억 년의 진화 과정에서 측선기관을 잃고 전기장 감지 능력도 사라졌다. 단지 악솔로틀(axolotl)로 불리는 멕시코 도롱뇽을 비롯한 일부 육상 척추동물은 지금도 전기장 감각기관을 갖고 있다.

버미스 박사팀의 연구는 수상생물과 육상생물 집단의 감각기관이 공동의 진화적 뿌리를 갖고 있음을 보여준다는 점에서 그 중요성을 인정받고 있다.

사람들의 주장이다. 같은 맥락
에서 이들은 간뇌가 발달한 사
람일수록 예지력이 뛰어나다고
본다. 실제로 뇌 호흡법을 수련
한 사람들 중에 투시력을 갖게
되는 경우가 있는 것으로 전해
지는데, 그들의 뇌를 자기공명
영상MRI 장치로 촬영하면 간뇌

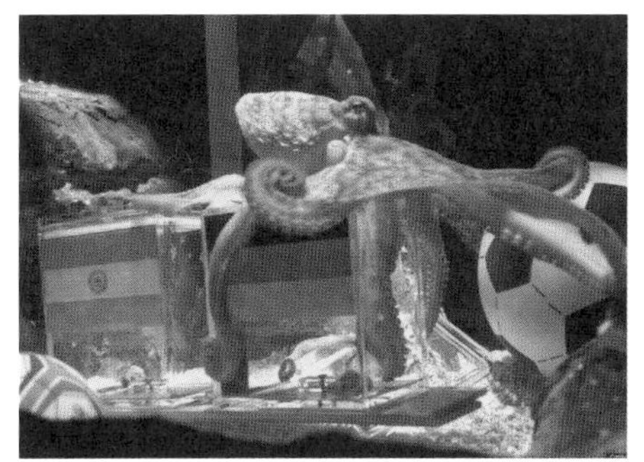

2010년 남아공 월드컵 때 유명세를 탄 문어 파울

의 한 부위인 송과체pineal body의 활성화가 확인된다고 한다.

　또한 이들은 과학적으로 확증된 바는 없지만 고등동물로 진화한 인간
은 문명의 발달에 따라 서서히 간뇌가 퇴화되고 있는 반면 동물들은 퇴화
가 더뎌 지금까지 우수한 육감을 보유하고 있다고 설명한다. 우주에 고
도의 문명을 영위하는 외계 지적생명체가 존재한다면 영화 속 ET처럼 큰
머리를 소유했을 것이라는 몇몇 과학자들의 생각도 간뇌의 발달을 염두
에 둔 추정이다. 간뇌가 육감의 근원이라고 주장하는 사람들은 당연히 동
물들의 이상행동 역시 이와 연관시킨다. 간뇌가 발달한 동물들이 종종 예
지력을 발휘해 지진예측이나 주인 감지 능력을 발현한다고 보는 것이다.
동물들의 초감각을 허무맹랑한 공상으로 여길 수도 있지만 현재로서는
초감각을 가졌다는 과학적 증거가 없듯이 그렇지 않다는 증거도 없다.

　한편 2010년 남아공 월드컵 당시 전 세계적 유명인사가 된 점쟁이 문
어 '파울'은 차치하고라도 2007년 로이터통신에 소개된 고양이 '오스
카'의 이야기는 동물의 초감각에 신빙성을 더해주는 사례다. 보도에 따
르면 미국 북동부 로드아일랜드 주의 한 요양원에 사는 오스카는 입원
중인 환자들의 임종 시간을 마치 예견이라도 하듯 사망 전에 그 환자에

게로 가 곁을 지켰다. 고양이의 신기한 능력을 눈여겨본 브라운대학의 노인의학 전문의 데이비드 도사 박사가 조사해 의학저널에 게재한 바로는 오스카가 환자에게 나타난 지 한두 시간이 지나면 환자는 어김없이 죽음을 맞았다고 한다. 이 고양이는 1년 동안 총 25차례나 환자의 임종을 예견해 환자 가족들이 임종을 준비할 수 있도록 도왔다.

과연 이를 단순한 우연으로 볼 수 있을까. 학계는 아직 밝혀지지 않은 특정한 생화학적 원인이 작용했을 것이라고 분석하고 있지만 의문을 깔끔하게 해소시켜주지는 못하고 있다. 우연의 일치, 혹은 동물들만의 본능일까 아니면 미래를 내다본 계획된 행동일까. 정답을 알고 있는 것은 오직 동물 그 자신들뿐이다.

세계 문학사상 가장 위대한 작가로 칭해지는 윌리엄 셰익스피어. 《햄릿》, 《로미오와 줄리엣》, 《베니스의 상인》 등 주옥같은 걸작들이 수백 년 동안 대중의 마음을 사로잡고 있지만 아이러니하게도 이 위대한 작가의 삶은 알려진 바가 거의 없다. 때문에 호사가들을 중심으로 셰익스피어가 실존 인물이 아닐 수도 있다는 논쟁이 계속되고 있다. 영국의 역사가 토머스 칼라일Thomas Carlyle이 '인도와도 바꿀 수 없다'고 단언했던 대문호 셰익스피어. 그는 정말 가상의 존재일까.

셰익스피어는 전 세계 누구에게나 친숙한 이름이다. 그에 관한 저술만 따져도 수천만 권이 넘는다. 한 통계에 의하면 셰익스피어라는 이름이 언급된 책이 적어도 하루에 한 권 이상 출간된다고 한다. 이처럼 책과 영화를 통해 시대적 트렌드에 맞춰 끊임없이 재창조되고 있는 셰익스피어지만 놀랍게도 그의 삶을 면밀히 다룬 평전은 단 한 권도 없다. 삶의 많은 부분이 그야말로 베일에 가려져 있기 때문이다.

영국이 낳은 세계 최고의 시인이자 극작가 셰익스피어

이런 이유로 혹자는 오늘날의 수많은 셰익스피어 전기(傳記)는 "5퍼센트의 사실과 95퍼센트의 억측"이라고 비꼬기도 한다. 영국의 유명 작가 앤서니 홀든Anthony Holden의 《윌리엄 셰익스피어William Shakespeare: His Life and Work》의 경우 아예 "뛰어난 셰익스피어 전기는 애당초 있을 수 없다."라는 말로 시작된다. 셰익스피어의 명성을 생각해보면 그에 대한 기록이 이토록 드물다는 것 자체가 무척 의아스러운 일이 아닐 수 없다. 셰익스피어를 전문적으로 연구하는 사람들이 하나의 학파를 형성할 정도임에도 말이다.

수수께끼 같은 삶

●

우리가 셰익스피어에 대해 알고 있는 사실은 대략 이렇다. 그는 엘리자베스 1세가 통치하던 16세기 중반, 영국 남부의 작은 마을 스트랫퍼드어폰에이번에서 상인의 아들로 태어났으며 10대 후반의 어린 나이에 결혼을 했다. 그리고 1590년경 고향을 떠나 런던에서 배우와 극작가로 활동했다. 그는 1616년 사망하기까지 총 37편의 희곡과 154편의 시를 남겼는데, 시의 경우 생전에 발표한 두 편 외에는 모두 사후에 책으로 공개됐다. 그는 귀족 집안의 자제도 아니고 대학교육을 받지도 못했지만 탁

월한 언어 구사력과 인간에 대한 심오한 이해력을 바탕으로 타의 추종을
불허하는 천재 문장가로 인정받았다.

하지만 이것뿐, 더 이상은 명확한 게 별로 없다. 특히 사생활은 그야
말로 신비로운 수준이다. 심지어 생년월일조차 명확하지 않다. 포털사
이트 등에는 1564년 4월 26일 태어나 1616년 4월 23일 숨진 것으로 표
시돼 있지만 1564년 4월 26일은 그에 대한 최초의 기록인 유아 세례를
받은 날일 뿐이다. 이를 근거로 사망 시의 나이가 대략 50~60세 정도였
을 것으로 추정하고 있다.

작품 활동을 시작한 시기 역시 밝혀진 바가 없다. 다행스럽게 동시대
극작가 로버트 그린Robert Greene이 1592년 동료에게 보낸 서한에서 셰익
스피어를 언급한 기록이 있어 이때쯤에는 이미 그가 런던에서 꽤나 알려
진 극작가였을 것으로 짐작하고 있다. 그는 서한에서 셰익스피어에 대해
“학식 낮은 촌뜨기가 벼락출세를 하더니 누구 못지않게 잘 할 수 있다는
망상을 하고 있다.”고 비난했다. 어쨌든 이를 단서로 학자들은 극작가로
서 셰익스피어의 활동기를 대략 1590년부터 1610년까지로 추정한다.
물론 이 시기 동안 그가 어떤 활동을 어떻게 펼쳤는지는 알지 못한다.

셰익스피어는 말년에 상류계급인 ‘신사gentleman’로 인정받아 가문의
문장을 만들 정도로 저명인사가 되었다고 전해진다. 그런데 그는 그즈음
고향으로 돌아가 여생을 보냈다. 왜 은퇴를 결심했는지도 알려지지 않
고, 사인(死因)에 대한 기록도 남아 있지 않다.

결국 고향땅에서 생을 마감한 셰익스피어의 시신은 마을 내 홀리트리
니티 교회에 안장됐다. 여기서 한 가지 눈여겨 볼 점은 그의 묘비에 적힌
글귀다.

‘여기 덮인 흙을 파헤치지 마시오. 이 무덤의 돌을 소중히 여기는 자

에게는 축복이, 나의 뼈를 움직이는 자에게는 저주가 있으리."

이는 셰익스피어가 직접 쓴 글로 알려져 있지만 역시 확증은 없다. 다만 무덤을 건드리지 말도록 경고하고 있다는 점에서 그의 존재에 얽힌 비밀들과 무관하다고 여길 수 없는 대목임에는 틀림없다.

이와 관련해 지난 2008년 홀리트리니티 교회가 셰익스피어 무덤을 보수해 화제가 된 바 있다. 당시 교회 측은 위와 같은 경고를 무릅쓰고 무덤을 손보는 일에 상당한 심리적 부담이 따랐지만 400여 년간 사람들의 통행으로 훼손된 무덤을 더 이상 방치할 수 없었다고 설명했다. 무덤 속까지 파헤치지 않아서인지 다행히 지금까지 별다른 저주의 소식은 들리지 않고 있다.

가짜와 진짜

●

작품 외에는 온통 베일에 싸여 있는 셰익스피어의 종적을 보면 그의 실체를 의심하는 것도 그리 무리가 아니다. 가장 극단적인 주장은 셰익스피어 자체가 허구의 존재이며 그가 썼다고 알려진 모든 작품은 모두 다른 누군가의 창작물이라는 것이다.

유명인에게 뒤따르는 가십이라고 치부하기에도 도가 지나친 수준이지만 그 흔한 친필 원고조차 단 한 점 발견되지 않고 유언에서도 자신의 작

셰익스피어 4대 비극 중 하나인 〈햄릿〉 공연장면

품은 일절 언급하지 않았다는 점에서 의구심은 확대 재생산되고 있다. 아울러 작품의 완성도와 사적인 환경이 극히 상반된다는 사실도 의심을 늦출 수 없게 만드는 부분이다. 셰익스피어의 작품에는 방대한 지식과 상당수의 어휘가 사용됐지만 그가 유년기를 보냈던 고향에는 별달리 읽을 만한 서적도 없었다. 뿐만 아니라 그는 중학교에 해당하는 그래머스쿨을 졸업했을 뿐 제대로 된 고등교육을 받지 못했으며, 부모와 아내, 자식 등 온 가족이 모두 문맹이었다고 한다.

셰익스피어가 허구의 인물이라는 논란은 최근에 불거진 것도 아니다. 그동안 많은 학자들이 문학 천재인 셰익스피어가 보잘것없는 시골뜨기일 리 없다며 의문을 제기했다. 셰익스피어와 더불어 영국의 위대한 작가로 추앙받는 소설가 찰스 디킨스Charles Dickens도 일찍이 그의 진위 여부를 밝혀내야 한다고 이야기한 바 있고, 최근에는 영국 내 유명인사 287명이 공식적으로 의문을 제기하기도 했다. 그가 정말 허구의 인물이라면 그의 이름으로 희대의 걸작을 남긴 진짜 셰익스피어는 도대체 누구일까. 현재 여러 명의 후보가 거론되고 있는데 그중 서너 명에게 많은 무게가 실리는 상황이다.

가장 유력한 이로는 철학자 프랜시스 베이컨이 꼽힌다. 당시 그 정도의 문장력을 구사할 수 있는 사람은 사실상 16세기 최고의 지식인으로 꼽히는 베이컨이 유일하다는 판단에서다. 사실 베이컨은 희곡을 써서 출세를 했고 돈도 모았다. 하지만 당시에는 상류사회 인사의 희곡 집필은 명예롭지 못하며 부끄러운 일로 여겨졌다. 베이컨은 엘리자베스 1세 치하에서 국회의원, 제임스 1세 치하에서 법무장관을 위시한 요직을 두루 거치며 자작viscount의 작위까지 얻었던 인물이다. 그래서 자신을 감추고 셰익스피어라는 가상의 인물을 내세웠다는 것이다. 공교롭게도 셰익스피어가 낙향한 시기도 베이컨이 법무장관에 취임하던 시기와 거의 일치한다.

다른 사람으로는 극작가 겸 시인인 크리스토퍼 말로가 언급된다. 엘리자베스 여왕 시절 연극계의 대표적 인물이었던 그에게는 사뭇 특이한 이력이 있다. 장학금으로 케임브리지대학을 졸업한 그는 재학 중 영국 첩보기관에서 활동한 것으로 알려져 있다. 그래서인지 진보적 지식인들과 친교를 맺었으며 신을 부정하는 논문을 썼다가 체포령이 내려지는 등 29년의 짧은 생애 동안 파문이 줄을 이었다. 그의 마지막도 극적이었는데, 주점에서의 사소한 술값 다툼 끝에 동료의 칼에 찔려 숨졌다.

말로를 셰익스피어로 믿는 사람들은 그의 삶의 궤적과 연관된 해석을

오페라 〈로미오와 줄리엣〉 공연의 한 장면

제기한다. 어떤 심각한 위기에 처한 말로가 죽음을 위장해 정체를 숨기고 세익스피어라는 필명으로 작품을 썼다는 것이다.

셰익스피어의 얼굴도 가짜다

●

항간에는 옥스퍼드 가문의 17대 백작 에드워드 드 비어가 진짜 셰익스피어라는 주장도 흘러나오고 있다. 그는 귀족 집안 출신답게 폭넓은 교육과 지식을 바탕으로 글을 썼지만 시대적 상황으로 인해 제3의 필명을 필요로 했다는 것이다. 이 가설의 지지자들은 셰익스피어라는 필명이 옥스퍼드 가문 문장(紋章), 즉 부러진 창을 휘두르고 있는 사자 모습에서 유래됐다고 여긴다. 흔들다Shake와 창Spear이 합쳐져 셰익스피어가 됐다는 얘기다.

여기에 한술 더 떠서 미국의 극작가 폴 스트라이츠Paul Streitz는《옥스퍼드: 엘리자베스 1세의 아들Oxford: Son of Queen Elizabeth I》에서 셰익스피어가 에드워드 드 비어 백작이며 엘리자베스 1세의 사생아라는 주장을 펼쳤다. 평생 독신으로 지낸 여왕이 사실은 여러 명의 사생아를 낳았으며 그 첫째인 셰익스피어를 16대 백작인 존 드 비어 부부에게 맡겨 에드워드 드 비어로 양육했다는 것이다. 스트라이츠는 셰익스피어 자신도 출생의 비밀을 알고 있었기에《햄릿》등의 작품에 그런 내용을 반영했다고 설명한다.

이밖에도 셰익스피어의 실체라며 거론되는 인물은 어림잡아 30~40명이 넘는다. 학계에서는 시대상을 고려해 셰익스피어가 한 명의 개인이 아니라 여러 명으로 구성된 조직이었을 것이라는 의견을 제기하기도 한다. 당시에는 공동 창작이 워낙 빈번한 일이었다는 이유에서다. 더구나 셰익스피어가 활동할 무렵 옥스퍼드대학과 케임브리지대학의 지식인들 중에는 몰래 연극에 참여한 사람들이 적지 않았다. 이들 중 몇몇이 사회의 압력을 견디다 못해 셰익스피어라는 이름 뒤에 숨었을 개연성을 배제할 수 없다는 것이다.

한편 일각에서는 셰익스피어의 비밀을 그의 초상화에서 찾기도 한다. 여러 점의 셰익스피어 초상화 가운데 '플라워 초상화'는 얼굴 부위에 묘한 음영이 드리워져 있다. 얼핏 가면을 쓰고 있는 듯한 모습인데, 이에 대해 호사가들은 그림 속 인물이 셰익스피어라는 가면을 쓰고 있음을 암시하기 위해 이렇게 그려졌다는 해석을 내놓고 있다.

하지만 오랫동안 셰익스피어의 초상화로 여겨졌던 플라워 초상화는 몇 년 전 가짜임이 밝혀졌다. 영국의 초상화 전문가들이 그림 속에서 1814년경의 안료인 황연(黃鉛) 성분을 확인하고, 셰익스피어 사후 200여 년 뒤에 그려졌다는 결론을 낸 것이다. 현재 전문가들은 왼쪽 귀에 황금 귀걸이를 한 모습의 '찬도스 초상화'가 실제 셰익스피어의 모습과 가장 비슷한 것으로 보고 있다. 물론 이 또한 가짜라는 이야기도 있지만 말이다.

과학계에서도 실체 규명 시도

●

주류 학계의 분석은 어떨까. 이 모든 추정이 그저 입담거리에 지나지 않는다는 입장이다. 학계는 셰익스피어가 살았던 16세기만 해도 지금처럼 기록이 체계적으로 보존되지 않았다는 점을 강조한다. 말하자면 셰익스피어뿐만 아니라 당대의 다른 저명인사들에 대해서도 우리는 정확히 알지 못하고 있다는 것이다.

셰익스피어 연구가이자《셰익스피어와 마시는 한 잔의 커피》,《셰익스피어, 그리고 그가 남긴 모든 것》의 저자 스탠리 웰스Stanley Wells는 셰익스피어의 진짜 정체를 둘러싼 구구한 주장들이 하나같이 속물근성에서 비롯됐다고 지적한다. 의문의 배경을 가진 시골 출신 극작가가 엄청난 걸작을 탄생시켰다는 것을 인정할 수 없다는 오만함이 깔려 있다는 분석이다.

웰스의 생각은 어떨지 모르지만 셰익스피어를 둘러싼 의문과 비밀들이 그에 관한 세간의 관심을 더욱 부채질하고 있는 것만은 확실한 듯하다. 이런 사실을 모를 리 없는 영리한(?) 학자와 작가들은 지금도 셰익스피어의 삶에 가까이 접근하여 지금껏 확인되지 않은 새로운 사실을 파헤치기 위해 노력하고 있다.

일례로 2009년 영국의 전기 작가 찰스 니콜Charles Nicholl은《실버스트리트의 하숙인 셰익스피어》에서 셰익스피어가 1600년대 초 런던 실버스트리트에 살았다고 주장하며 그에 관한 법정 공문서 등을 제시했다. 이게 사실이라면 셰익스피어는 한창 작품 활동에 전념하던 시절을 외국인 밀집지역인 한 도시의 뒷골목에서 보낸 것이 된다. 그는 셰익스피어의 작품에 프랑스, 아프리카 등 이국적 배경이 자주 묘사된 점과 관련해서 "정작 셰익스피어는 한 번도 영국을 벗어난 적이 없었다."며 "이국적 공기를 호흡하기 위해 외국인이 가득한 실버스트리트에서 지내며 상상의 여행을 떠났을 뿐"이라고 말했다.

셰익스피어에 대한 관심은 단지 문학계에 한정되지 않는다. 과학계에서도 실체 파악에 애를 쓰고 있는데, 점차 진화해가는 과학기술을 역사 연구에 결합시키고 있는 것이다. 실제로 2011년 6월 남아프리카공화국 비트바테르스란트대학의 생물학자 프란시스 새커리Francis Thackeray 박사팀은 셰익스피어의 사인 규명을 위해 영국 의회에 셰익스피어의 무덤 발굴 신청서를 제출했다. 연구팀은 무덤 발굴 후 셰익스피어의 생전 건강 상태를 분석해 정확한 사인을 밝혀냄과 동시에 최첨단 3D 기술을 동원해 생전 모습을 복원한다는 계획이다. 아울러 새커리 박사는 10년 전 법의학 기술로 셰익스피어의 집 안마당 땅속에 묻혀 있던 24개의 대마초를 발견한 적도 있다. 그는 "셰익스피어는 대마초 흡연자였으며 그의 천재성은 마리화나에서 비롯됐을 것"이라고 주장했다.

요약하자면 지금으로선 셰익스피어에 관해 100퍼센트 확실한 것은 사실상 아무것도 없다. 다양한 방법을 통해 그의 실체를 확인해가고 있을 뿐이다. 하지만 정작 중요한 것은 셰익스피어가 실존 인물인지 가상의 인물인지가 아닐 것이다. 그의 작품을 보고 읽으며 우리가 느끼는 감동이야말로 셰익스피어의 본질일지 모른다. 먼 훗날 과학기술에 의해 실체가 드러나 그를 둘러싼 미스터리한 베일이 벗겨지더라도 이 점만은 영원히 변하지 않을 것이다.

외계인과 UFO를 둘러싼 음모론

금세기 대표적인 음모론이라고 하면 외계인과 UFO가 존재한다는 것이며, 그와 관련된 증거들을 미국이 숨기고 있다는 점을 들 수 있다. 외계인과 UFO, 이 두 가지 의문을 동시에 풀어줄 수 있는 단초가 있다면 바로 로스웰 사건일 것이다. 어쩌면 외계인과 UFO에 관한 각종 음모론은 로스웰 사건을 통해 확대 재생산됐을 가능성도 배제할 수 없다. 1947년에 발생한 로스웰 사건은 이미 60여 년이 넘었지만 여전히 미궁으로 남아 있다. 그 누구도 이를 확실히 입증하지 못하고 있는 것이다. 만약 직접 목격이 가능한 위치에 있었거나 우주비행을 한 경험이 있는 우주인들이 증언한다면 어떨까. 그렇다면 그에 대한 신뢰성은 달라질 수밖에 없다.

로스웰 UFO 추락사건의 전말

로스웰 사건은 1947년 미국 워싱턴 주 케스케이드 산 인근 3000미터 상

1947년 로스웰 사건의 현장 사진

공에서 비행하던 한 전투기 조종사의 보고로 시작되었다. 그는 시속 2500킬로미터 이상의 속도로 하늘을 비행하는 접시 모양의 비행물체를 목격했다고 증언했는데, 당시 지구상에는 이처럼 빠른 항공기가 존재하지 않았다. 시속 2500킬로미터라면 1940년대 말의 가장 빠른 전투기보다 세 배 이상의 속도로 날았다는 얘기다.

이후 뉴멕시코 주 로스웰 북쪽 64킬로미터 부근에서 수명의 민간인들이 추락한 UFO의 잔해를 목격했으며, 미 공군은 UFO 잔해와 함께 외계인 사체를 재빨리 수거했다. 접시 모양의 비행물체가 추락했다는 사실은 곧 언론에 대서특필됐고, 초기에는 미 공군 역시 UFO 잔해를 발견했다고 발표했다. 하지만 이후 미 공군은 입장을 바꿔 추락한 물체는 기상 관측용 풍선이라며 UFO 추락 사실을 일축했다.

음모론으로만 떠돌던 로스웰 사건은 1995년 재차 논란의 핵심이 되었다. 미국 폭스TV가 로스웰에 추락한 것으로 추정되는 외계인 사체의 부검 장면을 공개한 것이다. 이 부검 장면은 흑백 필름으로 촬영되어 있었는데, 영국에서 입수한 것으로 전해졌다. 음모론자들은 부검 장소의 시계나 전화가 당시의 것으로 보이는 등 조작의 흔적이 없다고 주장했지만 이 사건은 2006년 존 험프리스라는 인물의 고백으로 진실게임의 양상을 띠게 되었다.

영화 특수효과 담당자였던 험프리스는 과거 자신이 외계인 사체 부검 장면을 제작했으며, 직접 문제 동영상의 부검의로도 출연했다고 밝혔다. 하지만 음모론자들은 이 장면을 촬영한 필름이 코닥 제품인데, 필름 자체로는 1940년대 또는 1960년대의 제품이 확실하다고 주장했다.

월터 하우트의 목격과 유언

●

2007년 7월에는 로스웰 사건과 관련해 회고록 형태의 증언이 나오게 되었다. 증언의 주인공은 로스웰 사건 당시 해당지역 공군기지 공보장교로 근무했던 월터 하우트 Walter G. Haut 로 그는 지난 2005년 12월 사망했지만 유언을 통해 UFO 잔해와 외계인 사체를 목격한 것이 진실이라는 점을 밝히도록 했다. 2007년 7월 발표된 것은 그가 2002년 집필한 회고록인데, 하우트는 지난 1993년에도 로스웰 사건이 모두 진실이라고 밝힌 바 있다.

그는 회고록에서 당시 중위였던 자신이 이 사건에 어떻게 개입하게 됐으며, 기지 사령관의 명령에 따라 UFO 잔해 및 외계인 사체 발견에 관한 보도 자료를 어떻게 작성했는지에 대한 과정을 기술하고 있다. 하우트는 로스웰 공군기지 84번 격납고에 UFO 잔해와 키가 작고 머리가 큰 외계인 사체 몇 기가 보관돼 있었다고 밝혔다. 그는 미 정부가 이를 모두 수거해 갔지만 자신이 직접 UFO 잔해와 외계인 사체를 목격했다고 덧붙였다.

그는 목격한 UFO의 길이가 대략 3.6~4.5미터, 폭은 1.8미터 정도였으며, 일반적인 항공기와 달리 창문이나 랜딩기어 등의 장치가 전혀 없었다고 주장했다. 또한 외계인 사체는 열 살 정도의 어린이 키에 머리가 매우 컸다고 언급했다. 그는 특히 지구상에 존재하지 않는 얇은 금속 재질의 UFO 파편도 목격했다고 밝혔다. 지난 1993년 발표에서는 UFO 파편이 종이처럼 얇으면서도 찢어지지 않았으며, 구기거나 찌그러트려도 잠시 후면 원상으로 복원됐다고 밝힌 바 있다.

꼬리를 무는 의문들

●

미스터리 추적자들은 로스웰 공군기지로부터 수거된 UFO 잔해와 외계인 사체가 오하이오 주 데이튼 소재의 라이트 패터슨 공군기지(당시에는 라이트 필드 기지)로 옮겨졌다고 주장한다. 처음에는 라이트 패터슨 공군기지 18번 격납고에 보관됐지만 곧바로 18번 또는 23번 격납고 지하의 연구시설로 옮겨졌다는 것이다. 그곳은 극저온 시설이 갖춰져 있어 외계인 사체를 보관하기에 적합했다는 게 음모론자들의 주장이다.

당시 라이트 패터슨 공군기지에는 공군연구소가 있었는데, 로스웰과 직접적인 관련이 있는 곳은 외부 기술부서FTD인 것으로 추정되고 있다. FTD는 구(舊) 소련이나 기타 적국의 기술에 대한 연구를 담당하는 곳이다. 즉 인공위성이나 미사일 잔해 등을 확보하여 이에 대한 리버스 엔지니어링으로 적국의 기술을 알아내는 부서라는 것이다. 음모론자들은 바로 이 부서의 존재로 인해 로스웰의 UFO 잔해와 외계인 사체가 라이트 패터슨 공군기지로 옮겨지게 됐다고 주장한다. 이후 FTD는 UFO에 대한 수십 년간의 리버스 엔지니어링을 통해 초고속통신 기술, 스텔스 기술 등 수많은 외계인 기술을 모방해 왔다는 게 음모론자들의 분석이다.

또한 이들은 로스웰 사건 이후에도 1960년대까지 미국 내에서만 최소 네 차례 이상의 UFO 추락사건이 있었으며, 여기서 회수된 잔해는 모두 라이트 패터슨 공군기지로 옮겨진 것으로 추정하고 있다. 하지만 라이트 패터슨 공군기지가 민간인 거주지역과 너무 가깝고, 기지 보안 및 확대에 어려움이 있어서 UFO와 외계인 사체 등은 네바다 주 사막에 있는 51구역으로 옮겨졌다고 그들은 주장한다. 물론 이 미스터리 추적자들은 자신들이 UFO나 외계인 사체를 직접 목격한 것이 아니라 관련된 사진이나 보고서를 열람했다는 사람들의 증언을 토대로 이 같은 분석을 내놓고 있다.

아폴로 우주인의 충격적 인터뷰

●

외계인과 UFO의 존재를 음모론자들의 주장으로만 폄하하기 어려운 이유가 또 있다. 바로 우주비행을 경험한 우주인조차 이를 목격했다고 증언하고 있기 때문이다. 실제 아폴로 14호의 우주인으로 달에 다녀온 에드가 미첼Edgar Mitchell은 "외계인과 UFO는 실재하고 지속적으로 지구를 방문하고 있으며, NASA와 미국 정부는 이를 조직적으로 은폐하고 있다."고 주장했다.

2008년 7월 24일 영국 〈데일리 메일〉은 미첼 박사의 이 같은 증언이 한 라디오 방송과의 인터뷰를 통해 이뤄졌다고 보도했다. 여기에서 미첼 박사는 "외계인의 모습은 공상과학(SF) 영화에 나오는 것처럼 작은 몸집에 머리가 크고 커다란 눈을 가진 모습"이라고 말한 것으로 전해졌다.

이틀이 지난 26일에는 호주의 〈라이브 뉴스〉가 나섰

NASA와 미국 정부가
외계인과 UFO의 실체를 조직적으로 은폐하고 있다고 주장한 에드가 미첼

영화 〈에일리언〉에 나오는 외계인의 모습

다. 〈라이브 뉴스〉는 미첼 박사의 인터뷰 중 방송되지 않은 부분에 1947년 로스웰 UFO 추락사건 역시 진실이라고 말한 부분이 포함되어 있었다고 보도했다. 미첼 박사는 자신이 NASA 우주비행사로 근무하는 동안 기밀서류를 다루는 사람들과 접촉했는데, 이를 통해 외계인과 UFO가 정기적으로 지구를 방문하고 있다는 사실을 알게 됐다고 밝혔다. 물론 로스웰의 UFO 추락사건에 대한 진실도 이렇게 알게 됐다고 한다.

미첼 박사는 지난 1971년 아폴로 14호에 탑승해 달에 다녀왔다. 9시간 15분 동안 달 표면을 돌아다니며 임무를 수행하여 가장 긴 달 산책 기록을 가지고 있기도 하다. 이처럼 명예로운 사람이 뒤늦게 이런 증언을 한 이유는 무엇일까.

1930년생으로 여든이 넘은 노인인 미첼 박사가 단지 세간의 관심을 끌거나 돈벌이에 나서기 위해 그런 것으로 보기는 어렵다. 어쩌면 평생 비밀을 간직하며 살다가 생을 마무리하는 시점에서 가슴속 비밀을 털어놓은 것인지도 모른다.

계속되는 증언들

●

우주비행사 출신으로 외계인이나 UFO의 존재를 증언한 사람은 미첼 박사만이 아니다. NASA 우주비행사 중 고든 쿠퍼Gordon Cooper와 에드윈

버즈 올드린Edwin Eugene Aldrin 역시
UFO를 목격했다는 증언을 한 바
있다. 쿠퍼는 지난 1963년 5월 15
일 유인 우주선인 머큐리를 타고 지
구궤도 비행을 하던 중 정체를 알
수 없는 외계인과의 교신 및 UFO
목격을 증언했다. 지구궤도를 21바
퀴 도는 비행 임무를 수행하던 중
네 번째 궤도를 돌던 하와이 상공에

외계인의 존재를 증언한 NASA 우주비행사 고든 쿠퍼
(오른쪽)

서 이해할 수 없는 언어의 송신음을 듣게 됐다는 것이다. 나중에 테이프
를 분석한 결과 이 송신음은 지구상 언어가 아닌 외계의 언어일 것으로
추정됐다고 그는 주장했다.

또한 쿠퍼는 마지막 바퀴의 궤도비행을 하던 중 호주 상공에서 정체불
명의 비행물체도 목격했다고 밝혔다. 당시는 달 착륙을 위한 아폴로 프
로젝트가 시작되기 전이었으며, 그는 소령이었다. 보통사람이 UFO를
목격했다고 주장한다면 미친 사람 소리 듣기 십상이지만 쿠퍼는 NASA
의 대표적 우주비행사 중 한 명이었다. 실제 쿠퍼는 1965년 또 다른 유
인 우주선인 제미니 5호에도 탑승했다. 그는 1977년 NASA를 은퇴했지
만 77세로 사망할 때까지 자신이 UFO를 목격했다는 주장을 굽히지 않
았다. 또한 자신의 UFO 목격담을 UN에서 증언하기도 했다.

올드린 역시 지난 2006년 영국 TV의 다큐멘터리를 통해 "달 착륙 당시
여러 대의 식별 가능한 UFO를 목격했다."면서 "NASA와 미국 정부가 30
여 년간 이를 조직적으로 은폐했다."고 주장했다. 올드린은 1969년 7월
21일 아폴로 11호를 타고 닐 암스트롱에 이어 두번째로 달에 발을 내딛

은 사람이다. 올드린은 이 다큐멘터리 이전에도 몇몇 인터뷰를 통해 자신이 UFO를 목격했다고 주장했다. 그런데 2007년 9월 한국을 방문한 그가 국내 언론과 가진 인터뷰에서는 기존의 증언을 뒤집는 발언을 했다.

그는 당시 방송 편집 과정상 그렇게 오해하게 된 것이며, 자신이 착륙 과정에서 목격한 미확인 비행물체는 우주선의 타일 조각이 떨어져 나간 것이라고 말했다. 즉 우주선 밖에 미확인 비행물체가 있었지만 그것이 외계인이 타고 있는 UFO는 아니었다는 것이다.

하지만 음모론자들은 올드린의 이 같은 해명을 전혀 수긍하지 않고 있다. 전투기 조종사로 한국전에도 참전했고, 이후 치열한 경쟁을 통해 NASA의 우주비행사가 된 올드린이 우주선 파편 조각과 미확인 비행물체를 구분하지 못했다고 볼 수는 없다는 것이다. 올드린이 어떤 이유에서 자신의 주장을 뒤집었으며, 이는 필시 UFO에 관한 진실을 은폐하려는 세력 때문이라는 얘기다.

가슴속에 묻어 둔 최후의 진실(?)

●

현재 상황에서 하우트나 미첼 박사 등 일부 우주비행사의 증언으로 로스웰 사건이나 외계인, 그리고 UFO의 존재를 입증할 수는 없다. 이들이 실제 사진이나 증거자료를 제시한 것이 아니기 때문에 미국 정부나 NASA의 모호한 해명을 압도하기도 어렵다. 하지만 공군장교 출신이 유언을 통해, 그리고 최고의 우주비행사로 선발돼 우주를 경험했던 우주인들이 70대 노인이 된 상태에서 외계인과 UFO의 존재를 인정하는 주장을 한 것은 일반적인 미스터리 추적자들과는 달리 신뢰성이 높을 수밖에 없다.

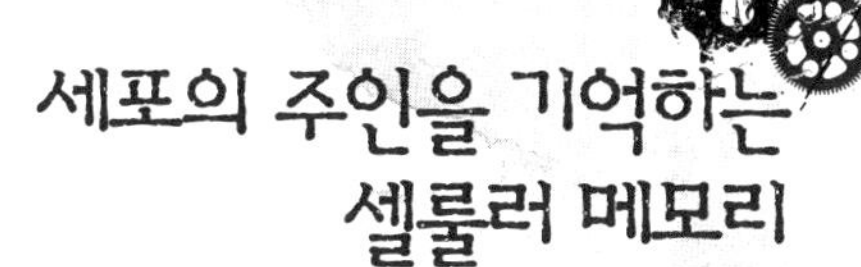

세포의 주인을 기억하는 셀룰러 메모리

"이 사람만 보면 이유 없이 자꾸 가슴이 떨려요. 마치 오래전부터 사랑하고 있었던 것처럼 말이에요."

바람둥이 도형은 민주를 만난 뒤부터 원인 모를 가슴 떨림을 느낀다. 그녀만 생각하면 터져버릴 듯한 심장을 주체할 수 없다. 이상형과는 거리가 먼 민주에게 끌리는 마음을 그 자신도 도무지 알 수가 없다.

도형은 5년 전 불의의 사고를 겪은 후 심장이식 수술을 받고 새로운 삶을 시작했다. 그리고 그에게 심장을 기증한 사람은 다름 아닌 민주의 전 남자친구였다.

2011년 KBS TV에서 방영했던 아침드라마 〈두근두근 달콤〉의 주요 스토리다. 모르긴 몰라도 두 주인공은 거부할 수 없는 운명적 사랑을 확인하며 달콤한 해피엔딩을 맞게 될 것이다. 이들을 끌어당긴 보이지 않는 힘은 무엇이었을까. 단지 운명이라고밖에는 표현할 수 없는 것일까.

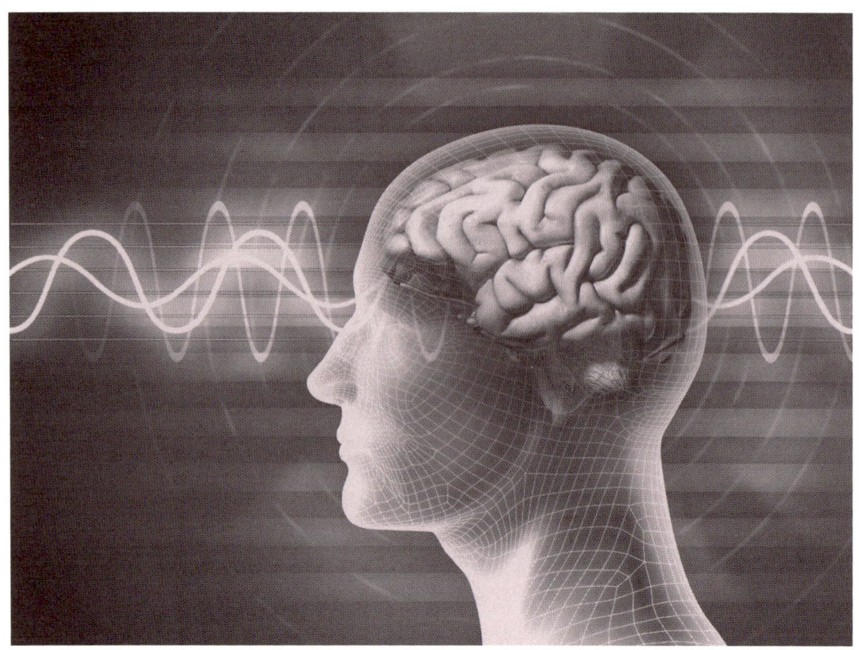

장기이식 수혜자들에게 기증자의 습성까지 전이되는 셀룰러 메모리, 우리말로 세포기억설이라는 이 현상이 이제는 영화나 드라마의 중요한 소재가 되고 있다.

수술 후의 특별한 변화

●

운명적 사랑을 그린 드라마나 영화의 단골소재로 등장하는 셀룰러 메모리Cellular Memory는 우리말로 '세포기억설'이라고 할 수 있다. 장기이식 수혜자들에게 기증자의 습성이 전이되는 이 현상은 미국 애리조나주립 대학 심리학자 게리 슈왈츠Gery Schwartz 교수에 의해 처음 세상에 알려졌다. 그는 20년간의 연구를 통해 셀룰러 메모리 사례 70여 건을 모아 발표했는데 그중 잘 알려진 몇 가지를 살펴보면 이렇다.

심장이식 수술을 받은 일곱 살 소녀 제니퍼는 수술 후 지속적인 악몽에 시달린다. 제니퍼가 반복적으로 꾸는 꿈은 자신이 잔혹하게 살해당하는 것이었다. 나중에 제니퍼는 자신의 심장 기증자가 살인사건에 휘말려 희생된 소년이었음을 알게 됐고, 꿈속의 기억으로 몽타주를 그려서 결국 소년의 살해범을 잡는 데 일조했다. 역시 심장이식 수술을 받은 63세 남성 윌리엄은 수술 후 갑자기 뛰어난 그림 실력을 발휘했다. 수술 전에는 기껏해야 초등학생 수준의 그림 실력을 가졌을 뿐이었는데 말이다. 그에게 심장을 기증한 사람은 다름 아닌 아마추어 화가로 밝혀졌다.

두 사례보다 더 충격적인 경우도 있다. 평소 밝은 성격의 소유자였던 69세의 남성 소니는 심장이식 후 심한 우울증에 시달렸고, 13년 후 급기야 자살을 하기에 이른다. 놀라운 사실은 그의 심장 기증자 역시 자살로 생을 마감했다는 것이다. 더욱이 소니는 자살 방법조차 기증자와 동일한 방식을 택했다고 한다.

슈왈츠 교수가 제시한 이 같은 사례들은 다소 극단적인 것으로 비춰지는 게 사실이다. 다른 평범한 장기이식 환자들도 이와 유사한 변화를 감지하고 있는 것일까. 이와 관련해 1990년대에 오스트리아 비엔나대학 의과대학의 브리지트 분젤Brigitte Bunzel 교수가 특별한 실험을 행했다는 기록이 남아 있다.

대학병원에서 장기이식 수술을 받은 환자 47명을 대상으로 수술 후 3개월이 지난 시점에 환자들을 인터뷰해 수술 전과의 변화를 확인한 결과 크게 세 그룹으로 분류됐다. 자신들의 성격이 전혀 변하지 않았다고 답한 그룹, 성격이 변하기는 했지만 새로운 장기로 인한 것은 아니라고 답한 그룹, 그리고 스스로 느끼기에 현저하게 성격이 변했다고 답한 그룹이 그것이다. 이중 셀룰러 메모리와 관계가 있는, 다시 말해 장기이식 후 현저한 성격 변화가 나타났음을 체감한 환자는 총 세 명으로 전체의 6퍼센트를 차지했다. 마흔다섯 살의 한 남성은 열일곱 살 소년의 심장을 이식받고 나서 자신에게 나타난 변화를 다음과 같이 전했다.

"볼륨을 크게 높여 음악을 듣거나 악기를 연주하는 것을 좋아하게 됐습니다. 이제껏 그런 적이 전혀 없었는데 말이죠. 새 자동차에 성능 좋은 스테레오 스피커를 장착하는 것이 현재 저의 꿈입니다. 과거에는 결코 상상도 할 수 없던 일들을 생각하게 된 겁니다."

이 남성은 분젤 교수에게 장기 기증자가 아직 자기 몸속에 살아 있어 마치 두 사람분의 인생을 살고 있다는 느낌이 든다고 얘기했다. 분젤 교수가 그런 느낌을 받는 기분이 어떠하냐고 묻자, 그는 이렇게 답했다.

"'우리들'은 괜찮습니다."

오장육부에서 각막까지

●

분젤 교수의 조사에서 대다수 환자들은 수술 이후에도 성격 등에는 아무런 변화가 없으며, 몸속에 다른 사람의 장기가 작동하고 있다고 해서 정신적 부분까지 변하지는 않았다고 피력했다. 그런데 정말 그럴까. 몇몇 전문가들은 단순히 환자들의 개인적 생각을 믿고 셀룰러 메모리의 개연성을 부정하는 것은 합당치 않다고 강조한다.

분젤 교수의 연구에서도 수술 후 성격이 전혀 변하지 않았다고 답한 환자들이나 성격이 변하기는 했지만 장기이식에 의한 것은 아니라고 답한 환자들은 대체로 매우 불안정한 심리 상태를 드러냈다. 일례로 수술 후 성격이 변했다고 생각하는지, 혹시 그 원인이 심장이 바뀌었기 때문이라고 보는지 등의 질문에 즉각 "그런 생각은 정말 바보 같은 것"이라고 대답하며 다급히 화제를 돌리거나 대화를 중단하는 모습을 보였다는 것이다. 심리학적으로 이러한 행동은 환자들의 말과 달리 실제로는 이식 수술 후 어떤 정신적 변화를 체감했거나 혹은 그러한 변화가 자신에게 일어나지 않을까 걱정하고 있다는 증거로 볼 수 있다. 스스로의 정체성에 어느 정도 위협을 느끼고 있는 상태에서 발현되는 행동 성향이라는 뜻이다.

이쯤해서 지금껏 언급된 셀룰러 메모리의 사례자 모두가 공교롭게도 심장이식 환자라는 사실을 기억해볼 필요가 있다. 예로부터 동서양을 막론하고 사람의 생명이 다했는지의 여부를 심장의 박동으로 판단했을 만큼 심장은 인체에서 생명과 다름없는 중요한 장기로 인식돼 왔다.

동양 의학에서도 심장은 인체를 조정하는 위치에 있다고 설명된다. 《동의보감》에는 '심자군주지관(心者君主之官)'이라는 구절이 있는데 이는 심장이 여러 장기 중 왕과 같은 위치에서 오장육부로 이뤄진 몸을 지배한다는 의미를 담고 있다. 서양의 경우 오랫동안 심장을 감정의 근원으로 여겼다.

이러한 점에서 심장이 바뀌는 것은 곧 사람이 바뀌는 것이라는 조금은 무속적인 추정을 해볼 수 있다. 혈액을 공급하는 펌프로서의 역할 외에도 심장에는 어쩌면 우리가 모르는 훨씬 강력한 기능이 숨겨져 있을 수 있다는 얘기다. 물론 셀룰러 메모리는 비단 심장이식에 국한되지 않는다. 간, 신장, 췌장, 폐, 그리고 각막에 이르기까지 다양한 장기들이 두루 거론되고 있다.

슈왈츠 교수의 사례들 가운데 하나를 들어보면 37세 여성 쉐릴은 신장이식 수술을 받은 뒤 독서 취향이 180도 변했다. 연예인 가십 기사만 찾아 읽던 그녀가 도스토옙스키나 제인 오스틴 같은 문학적·철학적 소설에 급격히 빠져든 것이다. 쉐릴 자신도 놀랄 만큼 그녀를 바꿔놓은 원인으로 보이는 신장의 원래 주인은 고전문학을 좋아했던 국어교사였다.

장기 세포의 기억 능력

●

이 같은 일련의 현상들에 대해 슈왈츠 교수는 장기 세포에도 기억 능력이 있기 때문이라고 주장한다. 사람의 습관이나 취미, 특기, 취향 등은 뇌 세포뿐만 아니라 각 장기의 세포에도 저장된다는 설명이다. 이로 인해 장기를 이식받는 과정에서 당연히 기증자의 기억 일부가 수혜자에게 전이될 수 있다는 것이다.

또한 미국 캘리포니아 주 소재 하트매스연구소[IHM]의 롤린 맥크레티Rollin McCraty 이사는 심장에 신경세포들로 이뤄진 작은 뇌가 있어 두뇌의 명령 없이도 스스로 박동하며 기억과 감정을 인지할 수 있다고 주장하기도 했다.

일부 연구자들도 심장을 비롯한 인체 장기들이 세포 기억 능력을 지녔다는 주장에 지지를 보내고 있다. 이들의 생각대로 정말 우리의 심장과 간이 뇌의 편도체가 그러하듯 무언가를 기억할 수 있을까. 이 놀라운 가설이 진실인지 거짓인지는 불행하게도 지금으로선 누구도 단정할 수 없는 상태다.

다만 오늘날 셀룰러 메모리에 대한 주류 학계의 반응은 냉담하다. 실제 사례를 바탕으로 셀룰러 메모리를 입증하기 위한 연구자들의 시도가 잇따랐지만 아직 이렇다 할 과학적 결론을 이끌어낸 경우가 전무한 탓이다. 즉 셀룰러 메모리로 '의심' 되는 체험은 과학적으로 설명하기 어려운 특별한 사례일 뿐이며 일반화된 것으로 보기는 어렵다는 것이 학계의 전반적인 분위기다. 설령 다수의 수혜자들이 스스로의 정체성 변화를 느끼고 있음이 사실이라 할지라도 말이다.

일본 시마네대학의 문화인류학자 데구치 아키라 교수도 이에 동의하

는 사람 중 하나다. 그는 자신
의 저서 《마음을 이식한다》에
서 소수 환자들의 사례만으로
장기 세포에 기억 능력이 있다
고 주장하는 것은 어불성설이
라고 지적했다. 그에 따르면
장기이식 후 스스로 어떤 변화
를 감지하고 기증자를 찾아 나

애리조나주립대학 게리 슈왈츠 교수는 장기 세포에도 기억 능력이 있다고 주장한다.

선 수혜자들은 자신의 변화가 기증자의 생전 모습과 얼마나 닮았는지를 찾는 데에만 열을 낸다. 이처럼 어떻게든 공통점만을 찾으려 한다면 기증자가 누구이든 별다른 어려움 없이 목적을 달성할 수 있다는 게 아키라 교수의 설명이다.

사실 이는 장기이식자뿐만 아니라 이 세상의 모든 사람들이 마찬가지다. 개인이 가진 수백, 수천, 어쩌면 수만 가지의 습관과 성향들 중에서 단 하나의 공통점을 찾는 일은 글자 그대로 식은 죽 먹기와 같다.

자기최면의 산물

●

이보다 더 극단적으로 셀룰러 메모리 자체를 아예 상상의 산물로 보는 연구자들도 있다. 장기를 이식하면 기억까지 전이된다는 개념은 극적인 것을 요하는 드라마나 영화가 만들어낸 그럴 듯한 거짓말에 불과하다는 것이다.

다른 한편에서는 심리적인 부분과 연관시켜 해석하기도 한다. 이들은 환자들이 겪는 변화가 사실상 세포의 기억 능력 때문이 아니라 자기암시나 자기최면을 통해 형성된 거짓 느낌일 수 있다고 본다. 장기이식을 통해 새 생명을 얻게 되면 과거와는 다른 모습으로 살고 싶다는 심리적 욕망이 작용할 수 있고 그에 따른 변화가 자신도 인식하지 못하는 사이에 나타나는 것이라는 얘기다.

이 관점에서 여러 심리학자들은 장기 수혜자가 기증자의 신상정보를 알게 될 경우 기증자의 성향과 유사한 변화를 맞게 될 개연성이 더욱 높아진다는 견해를 펼친다. 수혜자가 무의식적으로 기증자와 닮고 싶다는 생각을 품을 수 있다는 이유에서다.

그렇지만 현 시점에서 세포의 기억 능력을 100퍼센트 부정하는 것 또한 다소 무리가 있다. 현재 학계에서는 뇌가 아닌 다른 인체 조직에서도 어느 정도 정보 처리가 이뤄진다는 사실을 인정하고 있기 때문이다.

신경계의 기능을 조절하는 신경펩티드neuropeptide가 그 실례다. 갑상선, 흉선 등 내분비기관에서 분비되는 대다수 신경펩티드는 표적이 되는 세포의 수용체에 필요한 정보를 전달하고 그 기능을 조절하는 역할을 수행한다. 이와 관련하여 미국 조지타운대학 생물물리학자 캔더스 퍼트 Candace B. Pert 교수는 《감정의 분자Molecules of Emotion》에서 인체가 펩티드를 통해 서로 의사소통을 하며 펩티드의 총합이 우리의 감정을 형성한다고 주장했다. 펩티드들이 정보를 주고받으며 매 순간 무의식적인 활동까지 지배한다는 것이다. 따라서 퍼트 교수는 사람의 감정을 이해하려면 수용체라는 분자 단위의 세포를 들여다봐야 한다고 강조한다.

무한한 가능성

●

학자들 사이의 논쟁을 살펴볼수록 셀룰러 메모리의 진위는 더욱 미궁으로 빠져드는 느낌이다. 과연 셀룰러 메모리의 실체는 무엇일까. 세포의 기억 능력이 불러일으킨 과학적 현상일까, 장기이식과는 무관한 무의식적 자기최면의 발로일까. 이도 저도 아니라면 미스터리한 우연이거나 환자 개인의 착각인 것일까.

현 단계에서는 무엇이든 정답이 될 수 있고, 또한 모두 정답이 아닐 수도 있다. 아직은 모든 것이 그저 가설일 뿐이다. 확실한 사실이 하나 있다면 지금 이 순간에도 세계 각국에서는 장기이식 후 이해하기 힘든 변화를 경험했다고 말하는 수혜자들이 늘고 있다는 점이다.

데구치 교수도 셀룰러 메모리나 장기 세포의 기억 능력을 인정하지는 않지만 많은 환자들이 장기이식 수술 후 기증자의 인격이 자신의 몸으로 들어와 있다고 느끼는 것 자체는 부인할 수 없다고 말하고 있다. 그는 "수혜자들이 '기증받은 심장이 누구인지도 잘 알지 못하는 내 몸 속에 자리 잡는 것을 싫어해 몸 밖으로 튀어나오려 한다' 는 느낌을 공통적으로 받고 있다."고 전한다.

참고로 데구치 교수는 장기이식 후 수혜자들이 여러 미스터리한 현상에 시달리는 것을 막기 위해서는 수혜자 자신의 세포를 이용한 자가 유래 줄기세포 인공장기를 만들지 않으면 안 된다고 주장한 바 있다.

어쨌든 셀룰러 메모리로 불리는 갖가지 현상은 단지 면역체계가 타인의 장기를 이물질로 인지해서 나타나는 일반적인 장기이식 거부반응과는 분명히 다르다. 여기에는 우리가 미처 알아채지 못한 비밀이 숨어 있을 수 있다.

과학의 가능성은 무한하다. 그 오랜 역사가 증명하고 있듯이 인체의 신비를 밝히려는 다각적인 연구들이 진행되면서 언젠가 진실의 베일이 벗겨질 것이다. 그때가 되면 "심장이 기억을 한다니 당신 미쳤군!"이라

고 비아냥댈 수 없을지도 모른다. 오늘의 진리를 내일의 휴지조각으로,
오늘의 궤변을 내일의 정설로 뒤바꿔놓는 것. 그것이 바로 과학이다.

귀신을 연구한 과학자들의 X파일
-심령현상

2012년에 개봉한 로드리고 코르테스Rodrigo Cortes 감독의 영화 〈레드라이트〉. 최고의 심령술사와 심령현상의 존재 자체를 부정하는 천재 물리학자의 충돌을 다루고 있는 이 영화는 누리꾼들의 입소문을 타며 화제를 불러일으켰다. 심령현상과 과학의 대립이 그만큼 첨예한 때문일까. 영화가 어떤 결론을 내릴지는 알 수 없지만 영화 속 주인공들의 상반된 경고는 의미심장하기까지 하다.

"눈에 보이는 것을 믿어라." "끝없이 눈을 의심하라."

심령현상은 세간에 널리 알려졌지만 현대의 지식으로는 설명할 수 없는 불가사의한 현상을 두루 일컫는 말이다. 독심술, 텔레파시, 염력, 원격투시, 예지, 유체이탈 등 그동안 미스터리 사이언스에서 다뤄왔던 무수한 주제들이 여기에 속한다. 인류 역사에서 이러한 심령술이 기록된 것은 수백여 년 전으로 거슬러 올라간다. 고대 원시사회의 샤머니즘까지 심령술에 포함시킨다면 그야말로 인류와 역사를 함께했다고 해도 과언

심령술과 과학의 대결을 다루고 있는 영화 〈레드라이트〉

이 아니다. 심령현상 가운데 가장 많은 사람들이 주목하는 것은 사후세계다. 귀신과 유령의 출현, 살아 있는 자와 죽은 자의 교감 같은 현상이 모두 이와 관련이 있다. 이는 아마도 인간이라는 존재가 결국 죽음의 세계에 발을 들여놓을 수밖에 없는, 그래서 근본적으로 죽음의 공포를 안고 살아가야 하는 나약한 생명체이기 때문일 것이다.

나는 영계를 보고 왔다

●

심령현상은 크게 물리적 심령현상과 정신적 심령현상으로 구분된다. 사후세계, 귀신, 유령 등은 기존의 물리적 법칙을 따르지 않는 특수한 현상이라는 점에서 전자에 속한다. 원인도 없이 물건 두드리는 소리가 들리는 '고음rap', 정체 모를 존재가 집안을 어지럽히고 떠드는 '폴터가이스트', 망자가 촬영되는 '심령사진' 등이 그 연장선상에 있다.

사실 우리 주변에서는 귀신을 목격했다거나 사후세계를 경험했다는 이들을 심심치 않게 만나볼 수 있다. 아예 망자와의 교감을 업으로 삼은 영매들도 있으며 그보다 한 술 더 떠서 원격투시 능력자 에마뉴엘 스베덴보리Emanuel Swedenborg 같은 이도 있다. 신비주의자 중에서도 신비주의자로 꼽히는 그는 갖가지 심령현상을 직접 경험했다고 주장한다.

스베덴보리는 1668년 스웨덴에서 태어
나 1772년 운명할 때까지 철저히 영적인 생
애를 보냈다. 영의 세계와 교신하는 영매로
서 온 유럽에 화제를 던졌을 뿐만 아니라 몇
세기가 지난 지금까지도 여러 자료에 인용
된다. 스베덴보리의 교령(交靈) 능력은 일
반인으로서는 좀처럼 이해하기 힘든 것이
다. 하지만 그의 불가사의한 능력에 대해서
는 독일의 철학자 칸트가 증언했을 정도라
고 하니, 단순한 말장난은 아니었음을 미뤄

스웨덴의 과학자이자 철학자, 신학자이면
서 갖가지 심령현상을 체험한 스베덴보리

짐작할 만하다. 칸트는 자신의 저서《영계 예언자의 꿈》을 통해 "인류 역
사상 이런 인물은 두 번 다시 없을 것이다. 나는 다만 불가사의한 능력에
감탄을 금치 못할 뿐⋯⋯."이라고 전했다.

스베덴보리는 스스로 영계로 들어가 견문했거나 혼령들과 사귀면서
알게 된 지식들을 책으로 남기기도 했다. 심령현상에 대해 다룬 이러한
저작만 50여 권이 넘는데, 그중《나는 영계를 보고 왔다》의 서문은 이렇
게 시작된다.

"나는 과거 20여 년간 육체를 이 세상에 둔 채 영이 되어 인간이 죽은
후의 세계, 즉 영혼의 세계를 출입해 왔다. 그리고 그곳에서 많은 영들
과 어울려 수많은 일을 보고 들었다. 대다수 사람들은 믿지 않겠지만 우
리가 살고 있는 자연계와는 별개로 영계라는 또 하나의 세계가 존재한다
는 사실을 언젠가는 모두들 알게 될 것이다."

사기꾼이나 미치광이가 지어낸 기서(奇書) 정도로 취급해도 어쩔 수 없
지만 스베덴보리는 엄연히 당대의 철학자이자 발명가, 과학자였다. 창조

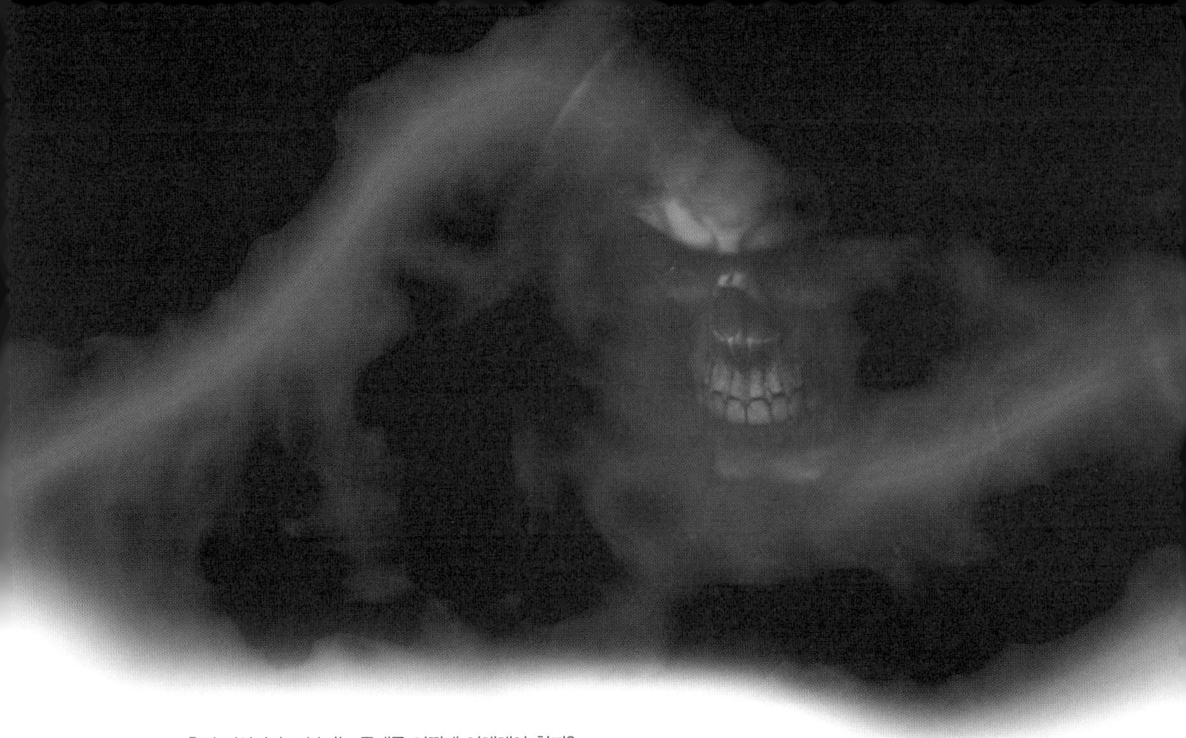

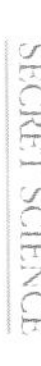

흔히 귀신이라고 불리는 존재를 어떻게 이해해야 할까?

론을 정면 반박하는 진화론을 주창해 종교계를 발칵 뒤집어놓은 찰스 다윈이 평생토록 신을 믿은 독실한 신자였다는 사실만큼 아이러니한 현실이다.

스베덴보리 같은 인물이 이슈가 될 때마다 주류 학계는 대체로 불순한 사기행각이나 우연의 일치로 결론 내렸다. 그러나 단순 해프닝으로 치부하기에는 분명 개운치 않은 면이 있는 게 사실이다. 지금 이 순간에도 유사한 사례들이 전 세계에서 반복되고 있기 때문이다.

놀라운 실험 결과

심령현상의 실체를 과학적으로 증명하려는 움직임은 1880년대를 전후해 본격화되기 시작했다. 영국의 물리학자 윌리엄 바레트William Barrett가 심령현상을 과학적으로 연구할 필요가 있다고 주장하면서 1882년 영국에 심령연구협회SPR: Society for Psychical Research를 설립했고, 다수의 쟁쟁한 과학자들이 회원으로 가입했다. 이후 미국을 포함한 여러 나라에서도 이와 동일한 성격을 가진 단체들이 속속 출범해 심령현상에 관한 연구가 활발히 진행됐다. SPR의 설립을 전후한 시기

영매의 몸에서 혼이 나온다는 엑토플라즘의 한 현상

에 연구자들의 주된 연구 과제는 영매가 불러일으키는 여러 현상의 진위를 파악하는 것이었다. 19세기 유럽과 미국 각지에서 일명 '교령회'가 사회적 유행이었기 때문이다.

당대의 연구자들 가운데 주목할 만한 이로는 영국의 화학자이자 물리학자인 윌리엄 크룩스William Crookes를 들 수 있다. 크룩스는 화학원소인 탈륨(Tl)의 발견자로 오늘날의 X−선 장치 탄생을 이끈 진공 방전관을 발명한 당대 최고의 과학자다. 영국왕립학회로부터 여러 차례 훈장을 받았을 만큼 명성 또한 자자했다. 그런 그가 SPR 설립 직전인 1870년부터 약 5년간 심령현상의 하나인 교차 통신 연구에 나섰다.

그는 대중들의 바람을 받아들여 심령현상에 뛰어들었는데, 원래 크룩스는 다른 과학자들과 다를 바 없이 심령현상을 허구라며 인정하지 않았다. 그러나 실험 결과는 놀라웠다. 당시 그는 교령회를 진행하는 영매의 몸에 검류계galvanometer를 부착하여 영매의 미세한 움직임까지 감지할 수

있도록 조치한 뒤 영매를 특정 공간으로 들여보냈다. 그리고 조금 떨어진 곳에서 약 20분간 영매를 지켜봤는데 영매의 몸에서 하얀 안개 같은 것이 피어오르는 광경을 목격하게 되었다. 이른바 엑토플라즘ectoplasm을 자신의 눈으로 확인한 것이다. 이 엑토플라즘은 점차 환영과 같은 제3의 인물 형상으로 바뀌었다고 한다.

그는 자신이 본 것을 학계에 보고했지만 예상대로 반응은 싸늘했다.

언제든 실험실로 찾아와 실험과정을 직접 확인해보라고 공언했지만 모두들 회피했다. 동료들의 냉대에도 불구하고 크룩스는 주장을 바꾸지 않았으며 몇 년간의 연구를 통해 죽음 뒤에 또 다른 삶이 있다는 사실을 확고히 믿었다. 30여 년이 더 흐른 1898년경 그는 브리스틀에서 열린 학회 강연에서 다음과 같은 이야기를 남겼다.

"내가 수십 년 전 실험했던 심령현상 연구는 나의 과학적 업적에 가장 큰 영향을 미친 것이다. 지금도 나는 그때의 결과에 대해 한 치의 의심도 갖고 있지 않으며, 변함없이 그것을 고수하고 있다. 게다가 더 추가할 내용들도 많다."

연구비를 낭비하는 행위?

●

이후에도 수없이 많은 학자들이 크룩스와 유사한 연구를 수행했다. 1900년대 초에는 노벨 생리의학상을 수상했던 프랑스의 병리학자 샤를 리셰Charles R. Richet가 영매와의 실험에 열성적으로 매달렸다. 그는 《30년간의 심령 연구》에서 엑토플라즘 현상을 자세히 기술했다. "영매의 입과 가슴으로부터 액체나 젤리 형태의 물질이 나와서 차츰 얼굴과 팔, 다리 등이 형성된다. 처음에는 아주 엉성한 모양으로 시작하기 때문에 가짜라고 판단하기 쉽다. 하지만 언젠가 나는 한 육체가 바닥에서 솟아나는 것도 목격했다. 시작은 불투명한 흰색 손수건 같았지만 어느새 사람의 얼굴 형상으로 변했다." 학계는 노벨상을 수상할 만큼 저명한 과학자가 관찰한 결과였기 때문인지 아무도 이를 사기나 속임수로 매도하지 못했다.

주로 번개와 전기를 연구한 영국의 물리학자 올리버 로지Oliver J. Lodge 역시 심령현상에 굉장한 흥미를 가졌다. SPR 회원으로 활동하며 망자와의 교신이 가능할 수 있다는 생각을 갖고 있던 그는 1914년 아들의 죽음을 겪은 후 그 같은 생각을 더욱 공고히 하게 되었다. 로지는 그리스 신화에 등장하는 맑은 대기의 신 '아이테르Aither'에서 힌트를 얻어 빛의 실체는 파동이고, 이 우주는 빛의 파동을 전하는 아이테르로 가득 차 있다고 여겼다. 물론 20세기 들어 알버트 아인슈타인의 상대성이론이 등장하면서 아이테르의 존재는 완전히 부정됐지만 그는 끝까지 아이테르의 존재를 믿었으며 망자와의 교신이 가능한 것도 아이테르를 통해서라고 봤다. 인간의 육체가 소멸해도 정신은 아이테르 형태로 남는다고 여겼던 것이다.

이외에 미국의 생리학자 게리 슈왈츠Gary Schwartz는 영매가 영으로부터 수신한 메시지의 내용을 과학적으로 비교해 보는 '교차 통신cross-correspondence' 연구를 활발히 시도했다. 망자에 대한 아무런 정보도 지니지 못한 영매로 하여금 망자에게 받은 메시지의 내용을 구술토록 함으로써 영매가 망자와 실제로 교감했는지를 판단하는 것이었다. 이를 통해 슈왈츠는 영, 말하자면 귀신의 존재에 대해 확신을 가질 수 있었다고 한다. 그러나 다른 학자들과 마찬가지로 슈왈츠 또한 심령현상에 대한 연구를 꾸준히 이어가지는 못했다. 귀신을 믿는 사이비 과학자라는 꼬리표가 따라다녔기 때문이다. 그가 몸담고 있던 애리조나대학 내부에서도 그의 실험을 연구비나 낭비하는 쓸모없는 행위라며 맹비난했다고 알려져 있다.

심령 라디오, 그리고 전자 음성

●

망자와의 교신에 대한 과학적 접근을 논할 때 결코 빠뜨릴 수 없는 인물이 있다. 다름 아닌 발명왕 에디슨으로 그 역시 귀신의 실체에 대한 궁금증을 억누르지 못했다. 여든이 가까운 말년에 에디슨은 과학매거진《사이언티픽 아메리칸》에 이 같은 말을 남겼다.

"나는 지금 망자와 교신하는 법을 생각하고 있다. 내가 연구 중인 기계는 작은 힘을 크게 확대하는 작용을 한다. 발전소 직원이 약간의 힘으로 손잡이를 돌리면 몇만 마력의 터빈이 돌아가는 것과 유사한 원리다. 생명이 죽고 나서 사라지는 것이 아니라면 지금 연구하고 있는 기계로 망자가 우리에게 전하는 메시지를 알게 될 것이다."

에디슨의 귀신 탐지기로 불리는 이 기계에 대해 오늘날의 연구자들은 전파를 증폭하는 라디오의 일종으로 짐작한다. 하지만 안타깝게도 귀신 탐지기의 행방이나 연구 진척 정도는 알 길이 없다. 그저 미완성의 기계가 에디슨 사후에 고스란히 사장됐을 것으로 추정하고 있을 뿐이다.

장치는 없지만 에디슨의 아이디어 자체는 지금도 이어지고 있다. 귀신의 실체를 쫓는 일명 고스트 헌터들을 다루는 TV 프로그램을 유심히 보면 무선 전파 수신기가 등장하는데 라디오가 전파를 잡는 것처럼 죽은 사람의 목소리를 포착하는 장치다. 고스트 헌터들은 여타 전파를 차단한 상자 안에 마이크를 장착하고 특정 음향만 녹음하는 방법을 이용한다. 어쩌면 이 방법이 영매를 통해 망자와 교신하려는 것보다는 훨씬 과학적인 시도일 것이다.

이렇게 기계의 도움을 받아 획득한 망자의 음향 메시지를 전자음성 현상이라 부른다. 일본의 과학칼럼니스트 쿠가 라나이는《과학, 미스터리를 읽다》에서 전자음성 현상의 역사를 이렇게 정리했다. "심령의 목소리를 처음 축음기에 녹음한 것은 1930년대 후반이며 이 계통의 권위자는 1950년대 활동했던 라트비아의 심리학자이자 음향연구가 콘스탄틴 라우디브이다. 오늘날 영혼의 소리가 녹음되는 것을 '라우디브 현상'이라 부르는 이유가 여기서 비롯됐다." 참고로 라우디브는 약 7만2000건의 음성 기록을 소장하고 있었다. 이중 일부는 CD로 만들어져 판매되기도 한다. 1990년대 중반에는 이미 사망한 라우디브가 전 세계 심령 통신 연구자들에게 전화를 걸어 메시지를 전해왔다는 그럴듯한 일화가 전해지기도 했다.

당연한 말이지만 주류 학계에서는 아직 전자음성 현상을 인정하지 않고, 누군가 의도한 조작이거나 전파 혼선으로 본다. 전파는 때때로 놀라울 만큼 멀리까지 도달하기도 하며 각종 자연현상으로 반사돼 엉뚱한 곳

귀신이 발명한 복사기

영적인 도움으로 연구에 성공한 과학자가 있다면 믿을 수 있을까. 미스터리 현상을 전문적으로 연구하고 있는 물리학자 김기태는 《영혼의 존재에 대한 62가지 미스터리》에서 미국의 물리학자 이자 발명가인 체스터 칼슨(Chester Carlson)의 사례를 소개하고 있다. 1938년 칼슨은 광방도체의 성질을 이용하는 건식(乾式) 복사 원리의 발명에 성공한다. 이 원리는 1956년 제록스에 의한 세계 최초의 건식복사기 탄생으로 이어졌으며, 제록스가 사무기기의 글로벌 강자로 성장하는 초석이 된다.

이와 관련하여 칼슨은 1968년 사망하기 이전에 하나의 에피소드를 남겼다. 그는 심령현상 연구자인 론 베어드를 찾아가 자신의 경험담을 전했는데, 그 내용은 이렇다. "늦은 밤 실험실에서 홀로 실험을 하고 있는데 허공에서 낯선 목소리가 들렸다. 그 목소리는 실험의 순서와 원리를 상세히 설명해줬는데, 그 목소리가 가르쳐준 대로 했더니 전혀 새로운 복사 원리가 완성되었다. 그러나 오해를 사게 될까 두려워 그 사실은 일체 비밀에 부쳤다."

우리는 아직도 70여 년 전에 칼슨이 정립한 복사 원리를 그대로 이용하고 있다. 우리의 삶을 편안하게 만들어준 복사기의 발명에 심령현상이 한몫을 거든 셈이다. 그런데 과연 믿을만한 얘기일까. 이후 칼슨이 목소리의 은혜에 보답하고자 심령현상 연구에 많은 돈을 기증했다고 하니 전혀 근거가 없다고 보기도 힘들 듯하다.

﹒﹒﹒ 세계 최초로 건식 복사기를 발명한 체스터 칼슨

의 전파가 잡히기도 한다는 게 과학적 사고에 기반을 둔 이들의 견해다.

부정할 수 없는 현상

●

현대에 들어 심령현상에 대한 연구는 한층 조직적으로 이뤄졌다. 그리하여 초심리학이라는 하나의 학문영역을 구축했으며, 초심리학자들은 앞서 언급한 과학자들의 연구를 설득력 있는 증거로 받아들이고 있다. 초심리학계의 아인슈타인으로 불리는 미국의 딘 라딘Dean Radin 박사는《의식의 세계The Conscious Universe: The Scientific Truth of Psychic Phenomena》에서 이렇게 밝혔다.

"듣기에 따라 혼란스러울 수도 있지만 심령현상이 존재한다는 사실은 아무리 부정하려 해도 부정할 수 없다. 이미 많은 사람이 심령현상이 가능하다고 믿기 때문에 지구상 대부분의 사람들도 이를 믿게 될 것이다. 이는 수세기에 걸쳐 수많은 연구자들이 다양한 방식을 통해 밝혀낸 과학적 증거들에 기초하고 있다."

그는 1981년부터 10여 년간 초자연 현상에 대한 객관적 증거를 확보하고자 일종의 국책프로그램에도 참여한 적이 있다. 미국 정부는 미국연구협회AIR, 미국육군연구소ARI, 국립연구자문위원회NRC 등 5개 기관에 관련연구를 의뢰했는데, 5개 기관 모두가 공통적으로 심령현상에 대한 나름의 증거를 제시하면서 더욱 체계적이고 과학적인 연구가 필요하다는 결론을 내렸다고 한다. 이 때문에 라딘은 심령현상을 제대로 이해하려면 인간의 의식에 대해 확장된 견해가 필요하며, 회의론자들도 이제는 심령현상을 과학적으로 진지하게 조사해볼 필요가 있다고 강조한다.

혹시 이 글을 읽은 뒤 내일 당장 귀신과 마주칠지도 모른다. 잠이 든

사이 예기치 않게 사후세계를 경험할 수도 있다. 학자나 연구자들에게
그 경험을 얘기하면 필시 뇌의 착각이나 잔상효과라는 식의 설명이 돌아
올 것이다. 당신이 분명 눈으로 보고, 몸으로 경험했더라도 말이다.

어쩌면 우리(?)에게 필요한 것은 괴짜나 사이비라는 세상의 비아냥을
감수하고 실체 규명에 도전장을 던지는 용감한 과학자가 아닐까. 무수한
실패와 좌절, 타인의 조롱이 종국에는 우연한 혁신적 발견과 위대한 발
명으로 이어지기도 하는 법이니까 말이다.

고대의 최첨단 비행기

●

학문상 그 시대에 존재할 수 없는 유물을 가리켜 '오파츠Out Of Place Artifacts, OOPARTS' 라 한다. 1967년 미국의 동물학자 이반 샌더슨Ivan T. Sanderson 박사가 처음 만든 용어로 '당연히 없어야만 할 것이 있다' 라는 의미다. 극단적으로 말해 고대 이집트 파라오의 무덤에서 스마트폰이 유물로 발견된 것이라고 생각하면 이해가 쉬울 것이다.

신비한 여러 유물들 가운데 오파츠 제1호로 꼽히는 것은 '콜롬비아 황금 제트기' 다. 이는 1969년 잉카의 고장인 남미 콜롬비아 보고타에서 발견된 약 5센티미터 크기의 황금세공품으로 총 8000여 점이 무더기로 발굴됐다. 학계는 1492년 콜럼버스가 미 대륙에 도착하기 훨씬 이전에 원주민들이 이 유물을 만든 것으로 추정하고 있다.

중요한 것은 이 세공품의 형상이 오늘날의 제트 항공기를 쏙 빼닮았다

콜롬비아 보고타에서 발견된 약 5센티미터 크기의 콜롬비아 황금 제트기

는 사실이다. 삼각형 꼬리날개, 수평장치, 동체 모양 등이 누가 봐도 항공기라고 생각할 수밖에 없다. 바로 이 유물을 통해 오파츠라는 용어를 처음 사용한 샌더슨 박사는 이 유물이 다른 무엇이 아닌 제트기를 모델로 제작된 것이라고 주장했다. 그는 주장의 타당성 입증을 위해 이 유물이 제트기 형태가 맞다는 여러 항공전문가들의 증언도 확보했다. 그의 판단이 사실이라면 고대에 이미 최첨단 기술의 집약체라 할 수 있는 항공기가 존재했다는 뜻이 된다. 1903년 미국의 라이트 형제가 발명한 플라이어호를 인류 최초의 항공기로 알고 있는 우리의 상식이 여지없이 무너지는 것이다.

샌더슨 박사가 세상을 떠난 지 20여 년이 흐른 1997년에는 황금 제트기를 16배 크기로 확대 재현한 모형이 만들어지기도 했다. 여기에 엔진을 탑재해 실제 비행을 감행했는데, 결과는 대성공이었다고 전해진다. 게다가 애초에 유물의 구조가 워낙 완벽했기 때문에 별도의 수정 작업 없이 단지 비율만 늘렸다는 후문이다.

그렇다면 고대인들이 제트기를 만들 수 있을 만큼 뛰어난 과학기술을 보유하고 있었다는 것일까. 그게 아니라면 제3의 인물, 이를테면 외계인과 같은 미지의 존재가 자신들의 첨단문명을 전파해준 것은 아닐까. 물론 항간에는 이 유물에 대한 담론이 그저 미스터리 신봉자들이 꾸며낸 그럴듯한 속임수에 불과하다는 주장이 제기되기도 한다. 콜롬비아 황금 제트기를 최초로 이슈화시킨 이가 다름 아닌 샌더슨 박사라는 점이 그 같은 의혹의 근간이다. 그가 자신의 유명세를 위해 음모를 꾸며냈다는 의혹은 일견 설득력이 있다. 앞서 밝혔듯 이 유물은 무려 8000여 점이

한꺼번에 출토됐는데 낱낱의
것이 아닌 여러 개를 한데 모
아놓고 보면 자연적인 곡선 형
태를 띠고 있을 뿐 제트기 특
유의 기계적 형태는 거의 보이
지 않는다는 게 전문가들의 분
석이다.

보다 구체적으로 이 유물이
남미에 서식하는 한 관상용 열대
어를 모방한 것이라는 설도 있다. 메
기의 일종인 이 어종은 여러 가지 무늬
와 색을 지니고 있으며 폭격기를 닮았다고
해서 현지에서는 '비행기 물고기'라는 별칭으
로 불린다고 한다. 또한 현재 황금 세공품을 보

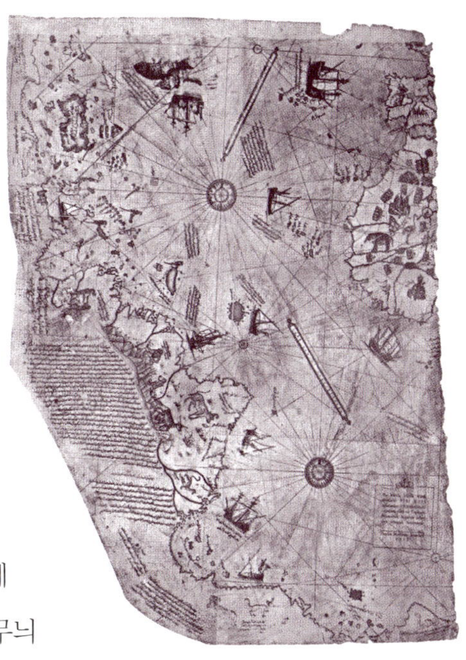

1929년 터키 이스탄불의 토카피 박물관
에서 발견된 피리 레이스 지도

관 중인 콜롬비아 현지의 박물관에서도 관람객들에게 이 유물이 용과 같
은 전설의 생물을 모델로 삼고 있다고 설명하는 것으로 알려져 있다. 그
럼에도 아직까지 콜롬비아 황금 제트기의 정체에 대해 명확히 밝혀진 것
이 없기 때문에 세간의 의구심 역시 해소되지 않고 있는 상태다.

16세기에 남극탐사를?

●

또 다른 오파츠 유물로는 세계지도인 '피리 레이스 지도Piri Reis Map'가 꼽
힌다. 1929년 터키 이스탄불의 토카피 박물관에서 발견된 이 가죽 지도
는 1513년 제작된 것으로 추정되는데, 제작자로 밝혀진 터키의 해군제

독 피리 레이스 이븐 하지 메무드의 이름을 따 '피리 레이스 지도'로 불린다.

이 지도의 여백에는 고지도 20개와 기원전 300년경 알렉산드로스 대왕 시절 제작된 세계지도 마파문디Mappamundi 여덟 개를 이용해 만들어졌다는 설명과 함께 '오늘날 이 정도의 지도를 소유한 자는 단 한 사람도 없다'는 의미심장한 문구가 적혀 있다. 특기할 만한 점은 지도가 제작되던 당시에는 탐사된 바 없었던 남아메리카 오지들이 매우 상세히 묘사돼 있다는 것이다. 다수 전문가들의 분석에 따르면 대부분의 지형이 실제 위치와 일치하며 위도와 경도도 단지 5도 내외의 근소한 오차만이 있을 뿐이라고 한다.

특히 여기에는 남극대륙도 그려져 있다. 인류가 남극의 존재를 확인한 것은 피리 레이스 지도가 제작된 시점보다 300여 년이나 지난 1819년이었다. 또한 1949년에야 다국적 합동 남극 조사대가 인공지진 기술을 통해 밝혀낸 빙하 아래 남극 해안선까지 사실과 크게 다르지 않게 그려져 있어 놀라움을 더하고 있다. 남극대륙의 존재조차 알려져 있지 않았을 때 엄청난 두께의 얼음으로 덮여 있던 그곳을 어떻게 지도에 표기할 수 있었는지 고

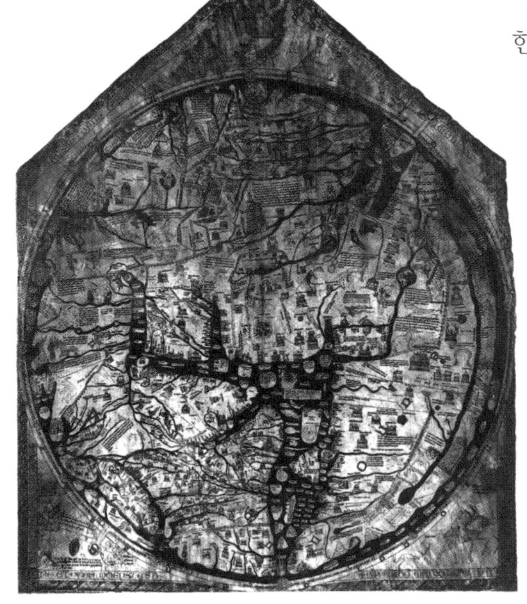

기원전 300년경 알렉산드로스 대왕 시절 제작된 세계지도 마파문디

개를 갸우뚱하지 않을 수 없는 것이다.

미스터리 신봉자들은 이 지도가 하늘(?)로부터 최신 기술을 빌려 만든 것이라고 주장한다. 하지만 얼음 등의 무게로 지구의 표층 자체가 움직인다는 지각이동설을 주창한 세계적 지질학자 미국의 찰스 햅굿Charles Hapgood 박사는 보다 과학에 근접한 분석을 내놓는다. 피리 레이스 지도는 기원전 4000년경 남극이 얼음에 덮이기 훨씬 이전에 제작된 것이라는 설명이다. 그에 의하면 이 지도는 일반적인 8방위 시스템 대신 12방위 시스템이 적용돼 있다. 우리가 흔히 방향을 나타낼 때 쓰는 동서남북 네 방향을 4방위라 한다면, 이를 더 세분하여 북·북동·동·동남·남·남서·서·북서로 나눈 것을 8방위라고 한다. 12방위는 이런 식으로 방향을 12등분 한 것으로 원을 30도 단위로 12분할하거나 60도 단위로 6분할하는 방법을 쓴다.

햅굿 박사는 이 같은 방위 시스템이 고대 메소포타미아에서 사용됐을 가능성을 제기하면서 지도의 원본이 메소포타미아의 원조격인 초고대문명에서 만들어진 것이라고 추정했다. 그는 이 지도가 초고대문명의 실재를 증명하는 하나의 단서라고 주장하고 있다.

정말 초고대문명이 실존했고 그들의 정밀한 측량술을 기반으로 지도가 제작됐다면 의문은 간단히 해결된다. 하지만 피리 레이스 지도 역시 다른 오파츠 유물들처럼 많은 의혹에 둘러싸여 있다. 남극대륙이 정확하게 그려져 있다는 지적 자체도 그렇다. 지도 속 남극대륙이 실제로는 남미와 이어져 있는 미지의 남방대륙을 표현한 것이라는 해석이 있기 때문이다. 말하자면 지구 전체의 생김새와 균형을 고려해 북반구의 육지에 비견되는 또 다른 육지가 남반구에도 있을 것으로 추정하여 그 같은 모양을 완성했는데 이것이 현대인들의 눈에 남극대륙으로 보일 뿐이라는 것이다.

　나아가 이 지도의 지형이 사실상 오늘날과 상당한 차이가 있다는 주장도 제기된다. 아마존의 경우 지도에 두 번이나 표기돼 있으며 아메리카 대륙의 서쪽은 아예 존재하지도 않는다. 또한 위도나 척도가 일정하지 않는 등 전체적으로 엉망진창이라는 지적이다. 과연 어느 쪽의 주장이 옳을까. 과학적 연구가 미진한 탓에 현 시점에서는 누구도 명확히 판단할 수 없는 실정이다.

단단하고 정교한 수정해골

●

황금 제트기와 피리 레이스 지도 외에도 오파츠로 지목되는 유물은 많다. 영화 〈인디아나 존스: 크리스털 해골의 왕국〉의 소재로 차용돼 유명세를 탄 수정해골도 그중 하나다. 실제로 1927년 고대 마야 유적지에서 발견된 수정해골은 전 세계를 통틀어 10여 개가 존재한다. 놀라운 사실은 수정해골이 단 하나의 수정으로 만들어졌으며 아래턱 부분의 분리가 가능하다는 것이다. 수정의 모스 경도는 유리보다 센 7에 이르는데, 웬만한 칼이나 쇠로는 흠집조차 나지 않는 수정으로 마야인들은 어떻게 정교한 해골을 세공했을까. 아울러 수정해골은 수정 고유의 결과 상관없이 가공된 것으로 이는 오늘날의 기술로도 재현하기 어려운 공정이다. 수정의 결을 따르지 않으면 균열이 생기거나 깨지기 때문이다.

　이런 이유로 수정해골의 제조법은 아직도 미스터리로 남아 있다. 전문가들이 세공 흔적을 찾기 위해 현미경으로 표면을 샅샅이 살폈으나 미세한 흠집도 찾아낼 수가 없었다고 한다. 한 미술품 복원가는 다이아몬드로 깎은 뒤 수정가루가 섞인 물로 매끄럽게 다듬었다고 추정하기도 했지만 기계의 힘을 빌리지 않고 이 방법대로 완성하려면 무려 300년의 시간이 필요하다고 한다. 수정해골과 관련한 또 하나의 미스터리는 바로 용도다. 단순히 장식용이라고 보기에는 뭔가 께름칙하지 않은가.

외계인과 인류 문명

●

오파츠 유물과 떼려야 뗄 수 없는 또 한 가지가 있다. UFO나 외계인의 형상이 그려진 고대 벽화와 중세 그림이다. 이 유물들은 외계 생명체에 지대한 관심을 지닌 젊은 네티즌들 사이에서 단연 화제를 모으고 있다.

UFO는 1940년대에 이르러서야 세상에 그 존재감이 드러난 것으로 기록되어 있는데, 신기하게도 그보다 훨씬 이전인 고대나 중세 사람들이 그린 그림들 속에서 종종 UFO와 외계인으로 추정되는 형태가 확인되고 있다. 비행접시 모양의 물체가 공중에 떠 있거나 ET와 유사한 모습을 한 정체불명의 생명체들이 보이는 것이다. 이는 고대 유적이 많이 남아 있는 이집트나 우즈베키스탄의 벽화 등에서 어렵지 않게 볼 수 있다.

이에 대해 전문가들은 고대인들도 외계인의 존재를 인식하고 있었으며, 외계인을 절대 권력의 신과 같은 존재로 숭배한 것으로 분석한다. 말하자면 샤머니즘의 일종이었다는 얘기다. 물론 외계인의 존재를 믿는 이들은 이 같은 유물들이 당시 외계인의 존재를 증명하는 단서라고 주장하기도 한다. 스위스 작가 에리히 폰 데니켄Erich von Daniken도 고대 외계인설을 주창하는 대표적 인물인데, 그는 선사시대 이후 외계인이 인류 문명에 끼친 영향을《신들의 전차》에서 낱낱이 열거했다. 그는 외계인이 첨단기술을 지구에 전파하여 고대로부터 인류 문명이 발상할 수 있었다고 풀이한다.

고대 벽화나 화석
같은 곳에서 발견
되는 오파츠 유물

　사실 먼 옛날 외계인이 지구를 방문했다는 스토리는 SF영화와 미스터리물의 단골 소재지만 흥미롭기는 해도 그 같은 주장을 선뜻 믿는 사람은 많지 않다. 그러나 최근 러시아 인류학자들이 발굴한 유적을 본다면 그런 생각을 조금은 바꿔야 할 수도 있다. 2010년 8월 중순 아프리카 중부에서 지구에 불시착한 외계인들의 집단 무덤이 발견됐다는 소식이 전해졌다. 러시아 인류학자로 구성된 탐사대가 그 같은 흔적을 포착했다는 것이다. 그곳에서는 2미터가 넘는 키에 몸집에 비해 지나치게 큰 머리를 가진 사체들이 발견됐으며, 집단 무덤 속에는 200구가 넘는 사체가 원형 그대로의 모습을 유지하고 있었다고 한다. 탐사대는 이 사체들을 약 500년 전 지구에 착륙한 외계인들로 추정했다.

　외계인 집단 무덤의 흔적이 처음 발견된 것은 아니었다. 과거 터키나 중국 등지에서도 유사한 흔적이 발견된 바 있지만 결정적 단서가 될 만한 우주선 파편 등이 따로 발견되지 않아 그것이 진짜 외계인의 무덤인지는 확신할 수 없다. 다만 이 같은 사건들이 적어도 고대 외계인 방문설에 얼마간의 신빙성을 더하는 요인임에는 틀림없다.

진위 논란, 그리고 가설들

●

이밖에도 네안데르탈인의 두개골에 난 총알 자국, 고대 분묘에서 출토된 금속 알루미늄 버클, 2000여 년 전의 선박에서 발견된 계산기, 토기에서 발견된 배터리 등 상식을 뛰어넘는 오파츠는 일일이 열거하기 힘들 정도다.

이들 오파츠 유물의 실체는 무엇일까. 앞서 밝혔듯 대표적인 몇 가지 가능성을 타진해볼 수 있다. 첫째는 수억 년 전 인류가 지금보다 훨씬 뛰어난 과학기술을 보유하고 있었을 가능성, 즉 초고대문명의 존재다. 둘째는 지구를 방문한 외계인처럼 첨단기술을 보유한 제3의 존재가 문명을 전파했거나 부장품을 노출시켰을 가능성이다. 그리고 또 한 가지는 현재 방사성 탄소연대측정법의 오류나 미스터리 신봉자들의 고의적인 과장 혹은 속임수의 개연성도 있다.

사실상 오파츠 유물들 모두를 100퍼센트 진짜라고 믿기는 쉽지 않은 게 사실이다. 위조물이 아니라는 보장도 없다. 1910년대 영국에서 발굴돼 인간과 유인원의 중간 단계로 간주된 인류의 두개골이 1950년대 들어 가짜로 밝혀진 '필트다운인Piltdown man 사건' 등을 떠올리면 더욱 그렇다.

한편 일부 학자들은 오파츠를 진화론을 부정할 단서로 해석하기도 한다. 생물은 주변환경에 적응하면서 단순한 것에서 복잡한 것으로 나아간다는 진화 이론을 오파츠가 거스르고 있기 때문이다. 만약 진화론이 사실이라면 인류 출현 이전의 지층 속에서 쇠붙이 같은 인공물이 나올 리 만무하다는 게 이들의 판단이다.

현재 오파츠는 그 유명세에 비해 알려진 내용이 거의 없다. 수많은 유물이 출토되었지만 진위 여부는 늘 오리무중이다. 그럼에도 오파츠에 대한 연구가 알게 모르게 활발하다는 점에서 진실 규명을 기대해볼 만한 여지는 있다. 이미 국제오파츠연구협회OBAMA가 설립돼 있으며 이들을 중심으로 여러 학자들이 연구에 뛰어들었다. 개중에는 오파츠 유물 수백 점을 수집해, 전 세계를 돌며 전시회를 개최하는 이도 있다.

현대 과학으로 증명되지 못해 역사 속 미스터리로 남아 있는 수많은 사건과 사물들처럼 오파츠 역시 아직은 불가사의의 영역에서 자신을 둘

필트다운인 사건

가짜로 만든 화석인골(化石人骨) 때문에 학계를 중심으로 일어난 사건. 1911년과 1915년에 영국의 서섹스주 필트다운에서 고고학자 찰스 도슨(Charles Dawson)이 큰 뇌와 유인원적(類人猿的)인 아래턱뼈를 가진 기묘한 두골파편을 발견했다. 그것은 가장 오래된 인류라는 뜻에서 에오안트로푸스 도스니(Eoanthropus dawsoni)라는 이름이 붙여졌으며, 인류학·지질학·선사학(先史學)의 모든 권위가 보증을 했다. 그 뒤 이 표본은 인류진화 과정과는 동떨어진 것이라는 사실이 밝혀짐으로써 의문이 제기되었는데, 1948년 대영박물관의 케네스 오클리(Kenneth Oakley)를 비롯한 과학자들이 불소연대측정법으로 연대를 측정한 결과 가짜임이 드러났다. 두개골은 겨우 5만 년 전 사람의 것이었고 턱뼈는 오랑우탄의 뼈였다. 턱뼈의 어금니는 줄질로 깎아내었고, 오래된 화석처럼 보이도록 화학처리를 했던 것이다. 이 사건은 이 표본에 대한 논문이 200여 편이나 출판되었다는 점에서 학계에 큰 충격을 주었다. 이것을 조작한 사람으로 도슨을 생각할 수 있으나, 최근에는 그와는 별도로 같은 시대의 저명한 학자와 탐정작가까지 거론되는 등 사건은 미궁에 빠져버렸다.

러싼 짙은 안개가 걷히기를 기다리는 중이다. 언젠가 과학의 힘으로 타당하게 증명될 때까지 무엇이 옳고 그른가를 확증하기는 무리일 것이다. 지금 당장은 오파츠 유물 그 자체가 지닌 신비를 만끽하는 것으로 만족할 수밖에 없다.

17세기에 갈릴레오 갈릴레이는 지동설을 과학적 사실로 당당히 밝혀냈다. 오랫동안 잘못 알려졌던 우주의 중심을 바로잡은 것이다. 그와 같이 오늘날 모두가 정답이라고 믿으며 충분히 과학적이라고 여기는 일이 언젠가는 비과학이 될 수도 있다. 오파츠는 누군가의 조작에 의한 혹세무민의 산물일지도 모른다. 그렇지만 무턱대고 허무맹랑한 주장으로만 치부할 수도 없는 현실이다.

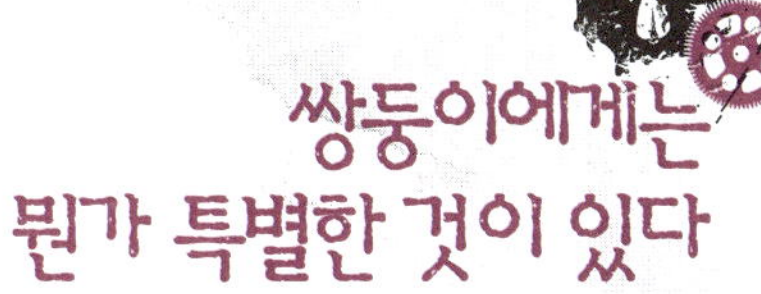

쌍둥이에게는 뭔가 특별한 것이 있다

한 명이 아프면 다른 한 명도 아프다. 한 명이 위험에 처하면 다른 한 명은 그 사실을 직감적으로 알아챈다. 어떨 때는 동시에 같은 꿈을 꾸기도 한다. 죽도록 사랑하는 연인 사이냐고? 아니다. 쌍둥이들의 얘기다. 쌍둥이에게서 흔히 나타난다는 이런 기이한 현상들은 단지 우연의 일치인 걸까.

얼마 전 한 TV 예능프로그램에 쌍둥이 연예인들이 대거 출연했다. 이날 방송에서 여덟 명의 출연자들은 이제껏 자신이 경험한 신기한 체험들을 앞다퉈 공개했다. 그들은 서로 텔레파시가 통한 적이 있느냐는 물음에 하나같이 "있다"고 답했다. 쌍둥이 남성 듀오 량현량하의 형인 량현은 "계곡에 놀러갔을 때 살려달라는 비명소리가 들려 달려가 보니 동생이 계곡 물에 휩쓸려 간신히 바위를 붙잡고 있었다."며 "나중에 알고 보니 동생은 소리를 지른 적이 없다더라."고 전했다. 또 가수 허각의 형 허공은 "갑자기 이상한 기분과 함께 어떤 장소에 가고 싶어져 그곳에 갔더니 동생이 교통사고를 당해 있었다."고 밝혔다. 허각은 "그래서 그 사고의 유일한 목격자가 바로 형이다."고 덧붙였다.

소름 끼치는 기이한 사건들

●

이 같은 텔레파시의 경험은 스튜디오에서 직접 진행된 실험에서도 증명됐다. 쌍둥이 중 형과 언니의 눈을 안대로 가린 상태에서 동생들이 잠시 의자에 앉았다 일어났는데, 모든 형과 언니들은 한 치의 오차도 없이 동생들이 앉았던 자리를 찾아냈다. 개중에는 "이 자리가 확실하다."며 자신의 '직감'을 강력히 피력한 출연자도 있었다.

이뿐만이 아니다. 쌍둥이 출연자들은 신체 부위가 서로 비슷하게 변했다는 증언도 했다. 량현은 어릴 때 입술 밑에 피어싱을 했는데 이후 동생

쌍둥이에게서 흔히 나타나는 텔레파시 현상, 단지 우연의 일치인 걸까?

량하의 입술 밑이 까매졌다고 말했다. 병원에 가도 자국이 지워지지 않다가 량현이 피어싱을 빼자 그제야 지워졌다는 것이다.

쌍둥이들이 털어놓은 갖가지 경험들은 시종 패널들의 놀라움을 자아냈다. 쌍둥이들 역시 기이한 일들이 일어날 때마다 "소름이 돋았다."고 고백했다. 소름 끼치도록 놀라운 이 경험들은 비단 연예인들만의 전유물이 아니라 쌍둥이라면 누구나(?) 한번쯤 겪은 바 있는 일들이라고 한다. 과연 흔히 말하는 쌍둥이들의 정신적 교감, 다시 말해 텔레파시가 통한 결과일까.

텔레파시는 서로 다른 두 사람이 오감을 전혀 사용하지 않은 채 생각이나 감정을 주고받는 일종의 초능력을 뜻한다. 19세기 영국 심령주의 운동가 프레더릭 마이어스Frederick Myers가 그리스어의 '먼 거리tele'와 '느낌pathe'이라는 단어를 합쳐 만든 용어다. 주지하다시피 텔레파시 현상이 실재하는지의 여부는 아직 정확히 밝혀진 바가 없다. 다만 18세기 서양에서 최면 상태에 빠진 피술자(被術者)에게 술자(術者)가 느끼는 미각이나 통각이 직접 전달될 수 있다는 게 처음 알려진 이후 텔레파시와 관련한 논의가 활발히 이뤄지고 있다. 과학과 미신 사이에서 아슬아슬한 줄타기를 하고 있는 셈이다.

분석심리학의 창시자인 칼 구스타프 융은 일찍이 텔레파시 같은 초자연적 현상이 환상이 아닌 사실임을 주장했다. 그는 말년에 '공시성synchronicity' 혹은 '동시성'이라고 명명된 난해한 학설을 주장하기도 했다. 이 학설의 핵심은 둘 이상의 의미심장한 사건들이 동시에 발생하는 현상에는 우연성 이상의 무엇가가 작용하고 있다는 것이다.

말하자면 세상에는 시간과 공간을 초월한, 우리가 알지 못하는 제3의 새로운 차원이 존재하며 그곳에서 초현상이 일어난다는 얘기다. 그리고 신비하게도 우리의 마음 깊은 곳에는 제3의 차원에서 일어나는 현상을 느낄 수 있는 능력이 잠재돼 있어 감각기관을 통하지 않고도 자연스럽게 상호 교감이 가능하다는 것이다.

쌍둥이들의 텔레파시

●

초심리학에서는 텔레파시나 투시력, 예지력 등의 초자연적 현상을 한데 묶어 '초감각적 지각ExtraSensory Perception, ESP'이라고 부른다. 이 단어는 미국 듀크대학 조셉 라인Joseph B. Rhine 박사가 처음 사용했는데 그는 직접 ESP의 증명을 시도하기도 했다. 1934년 'ESP 카드'라는 특별한 도구를 사용해 피시험자들이 카드의 모양을 맞출 확률이 우연한 기댓값보다 통계적으로 유의미한 의미를 가질 만큼 높을 때가 있음을 확인하고 이를 ESP의 증거로 제시한 것이다.

　이렇듯 텔레파시의 실재를 긍정하는 여러 이론 및 실험들은 우리가 일

일란성 쌍둥이의 탄생

일란성 쌍둥이는 난자와 정자가 만난 수정란이 초기 분열 과정에서 두 개로 분열하여 각각의 개체로 발달하면서 태어난다. 수정 후의 배반포가 둘로 갈라지는 것이다. 각 배반포는 똑같은 염색체 쌍을 지닌 세포로, 유전자 배열도 동일하다. 현재까지는 이 배반포가 무엇 때문에 두 개로 나뉘는지 정확히 규명되지 않았다.

그 과정은 이렇다. 배반포에서 껍질은 '투명대', 그 내막은 '영양포'라고 한다. 영양포는 태반이 되고 그 안에 있는 세포 덩어리는 태아를 형성할 배아줄기세포가 된다. 그러나 영양포 내 세포 사이가 주기적으로 약해지면서 체액이 새어 나와 영양포가 붕괴되고, 이후 다시 재생되는 현상이 나타나기도 한다. 영양포가 붕괴되면 세포 덩어리는 둘로 나뉘어 다시 영양포에 각각 달라붙는다. 이 덩어리들이 자궁 속에서 자라면 일란성 쌍둥이가 된다.

상에서 심심찮게 맞닥뜨리게 되는 절묘한 순간들에 대해 설명해주고 있다. 그렇다면 텔레파시가 존재한다는 전제를 바탕으로, 쌍둥이들이 일반인보다 훨씬 잦고 강도 높은 텔레파시를 경험하는 이유는 뭘까. 그들이 ESP에 있어 한층 우월한 능력을 발휘하는 듯 보이는 이유 말이다.

이와 관련해 영국의 유전학자이자 우생학의 창시자인 프랜시스 골턴Francis Galton을 위시한 몇몇 학자들은 쌍둥이의 약 3분의 1이 텔레파시와 같은 현상을 경험한다는 내용의 연구 결과를 발표한 바 있다. 쌍둥이는 신체적 특징은 물론 정신적 취향까지 필연적으로 동일성을 지닌다는 게 이들의 판단이다.

쌍둥이는 일란성과 이란성으로 구분되는데, 일란성은 하나의 난자, 이란성은 서로 다른 두 개의 난자에 수정이 이뤄지는 것을 의미한다. 따라서 일란성 쌍둥이는 마치 복제인간처럼 DNA가 동일한 반면 이란성 쌍둥이는 서로 다른 유전자를 갖는다. 이란성과 달리 일란성 쌍둥이의 경우 외모는 물론 대부분의 특성이 유사한 이유가 여기에 있다. 물론 유전공학이 발전하면서 일란성 쌍둥이도 기존의 생각만큼 무조건 똑같지만은 않다는 사실이 드러나고 있지만 말이다.

일반적 통계를 볼 때 전체 쌍둥이 중 일란성의 비중은 3분의 1 정도를 차지한다. 잉태 원인은 아직 명확하지 않은데 유전적 요인, 산모의 신체 특성과 연관이 있다는 것 정도가 알려진 사실의 거의 전부다. 어쨌든 일부 학자들은 일란성 쌍둥이가 일반인은 차치하고 이란성과 비교해도 심리적으로 더 친밀한 관계를 보인다고 주장한다. 텔레파시 역시 이와 무관하지 않을 것이다. 물론 이 사실이 흡사한 외모 때문인지, 우리가 미처 생각지 못하고 있는 ESP적인 요인 때문인지는 알 수 없다.

텔레파시의 본질은 뇌파?

●

결론만 놓고 보면 현재 텔레파시 현상이 가장 극적이고 강하게 나타나는 사람은 분명 일란성 쌍둥이다. 이러한 사실은 심증은 가지만 물증은 없는 논제에 가깝지만 '뇌파EEG 이론'은 어느 정도 이를 과학적 시각에서 풀이해준다.

뇌파는 대뇌피질의 신경 세포군에서 일어나는 뇌의 전기활동으로 두피에서 발생하는 전기신호라고 생각하면 된다. 우리 뇌는 언제 어디서든 뇌파를 발생하고, 뇌파 검사는 뇌의 기능적 변화 관찰을 위한 갖가지 실험에 이용된다.

뇌파 이론은 이 뇌파를 통해 일란성 쌍둥이들이 서로 교신한다는 주장으로, 뇌를 휴대폰, 뇌파를 무선 이동통신 주파수로 삼아 상호 감정을 주고받는다는 얘기다. 그런데 인간의 뇌는 약 1000억 개의 신경세포들이 복잡다단하게 연결되면서 일종의 회로처럼 작동한다. 또 신경세포 1개

일란성 쌍둥이들의 텔레파시를
뇌파 이론으로 접근하기도 한다.

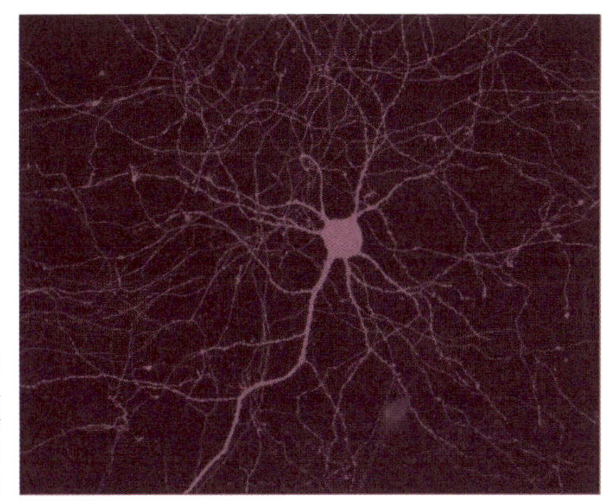

약 1000억 개의 신경세포들이 복잡하게 네트워크를 이루고 있는 인간의 뇌는 신경세포 1개당 평균 1000개의 시냅스를 형성해 전체 회로구조가 무려 100조 개에 이른다.

당 평균 1000개의 시냅스를 형성해 전체 회로구조가 무려 100조 개에 이른다. 무려 100조 가지의 다른 명령을 수행할 수 있는 셈이다.

이토록 미묘하게 얽히고설킨 뇌파를 송수신하려면 무엇보다 뇌구조가 동일해야 할 것이다. 그런 면에서 DNA 구조가 동일한 일란성 쌍둥이가 교감에 유리할 것이라는 추정은 분명 일리가 있다. 앞서 언급한 허각 형제와 량현량하 형제의 사례 역시 설명이 된다. 위기에 처한 쌍둥이 중 한 명이 형제에게 자의적·무의적으로 뇌파를 송신했고, 이를 수신한 형제가 행동에 나선 것으로 이해되는 것이다.

그러나 이 또한 심증 단계를 넘어서기는 어려운 실정이다. 비약적인 의료과학 기술의 진전에도 불구하고 아직까지 뇌를 인체 내의 소우주라 부를 정도로 우리는 뇌에 대해 무지하기 때문이다. 실제로 다수의 뇌 과학자들은 오늘날 밝혀진 뇌에 관한 정보는 전체의 1퍼센트에도 미치지 않는다고 말한다. 어떤 종류의 감정이, 뇌의 어떤 부위에서, 어떤 호르몬의 작용에 의해 발생한다는 점을 간신히 추리하는 수준일 뿐이다. 그러므로 텔레파시의 원인을 찾거나 일란성 쌍둥이에게 일어나는 갖가지 기이한 현상들을 파헤치는 일은 아직 요원한 게 사실이다.

우연은 그저 우연일 뿐일까

●

그런 탓에 한편에서는 쌍둥이의 텔레파시 현상을 쉽사리 믿지 않고 그저 우스갯소리로 치부한다. 이런 사람들은 유전자가 같은 일란성 쌍둥이는 유사한 신체적 특질을 지니고 면역성 또한 같을 수밖에 없어 한 명이 아프면 다른 한 명이 함께 아픈 것이 사실상 당연하므로 기이하다며 호들갑을 떨 필요가 없다는 입장이다. 미국의 수학자 존 앨런 파울로스^{John Allen Paulos}는《숫자에 약한 사람들을 위한 우아한 생존 매뉴얼》에서 이렇게 밝히기도 했다.

"프로이트는 언젠가 우연과 같은 일은 없다고 언급한 적이 있다. 사람들은 일반적으로 이런저런 예기치 못한 사건의 전개에 대해 끊임없이 떠

DNA는 같아도 지문은 다르다?

지문(指紋)은 손가락 끝마디 바닥면에 있는 융선(隆線)이 솟아올라 만든 무늬다. DNA와 유사하게 그 모양이 동일할 가능성이 극히 희박하고 평생 변하지 않는다는 이유로 개인의 식별에 이용된다. 그렇다면 DNA가 같은 일란성 쌍둥이는 지문도 똑같을까? 그렇지 않다. 이유는 명확치 않지만 발현 단계의 차이에 의한 현상으로 추정된다. 이는 다른 말로 지문의 정확한 생성 과정 자체가 아직 베일에 싸여 있다는 의미이기도 하다.

한편 지문은 유전적 형질에 속한다. 융선의 배열에 따라 크게 활모양의 궁상문, 말굽모양의 제상문, 소용돌이 모양의 와상문으로 구분되며 궁상문이 많은 부모에게서는 궁상문이 많은 자녀가 태어나고, 와상문이 많은 부모에게서는 와상문이 많은 자녀가 태어난다.

든다. 하지만 그것이 우연의 일치이든, 융이 말한 공시성이든 이런 일은 대다수 사람들의 생각보다 훨씬 흔하게 일어난다.”

다시 말해 우연은 살아가는 동안 꽤 자주 경험할 수 있는 상황이며 쌍둥이들의 텔레파시도 우연의 일치일 뿐이라는 것이다.

하지만 쌍둥이들이 경험한 초자연적 현상을 모두 ‘우연’으로 단정 짓는 것은 뭔가 개운치 않다. 이들의 사례는 연락이 끊겼던 친구를 거리에서 우연히 맞닥뜨리는 것과 동일선상에 놓기에는 너무도 극적이고 절묘하다.

우리 주변에서는 시시각각 각종 기상천외한 일들이 일어난다. 그리고 과학이 설명하지 못한다는 이유로 그것들은 쉽게 미신과 우연으로 치부되곤 한다. 쌍둥이의 텔레파시도 크게 다르지 않다. 지금으로선 재미나고 신기한 에피소드에 불과할지 모른다. 그러나 머지않아 쌍둥이를 대상으로 한 여러 연구를 통해 비밀이 풀리게 될 것이다. 그때까지 쌍둥이를 주목해보자. 그들에겐 뭔가 특별한 것이 있으니까.

천리안으로 세상을 꿰뚫어본다

훈련으로 계발되는 초능력

책상 앞에 가만히 앉아 먼 곳의 일까지 훤히 꿰뚫어볼 수 있다면 인생사 정도는 식은 죽 먹기일지도 모른다. 지난 2000년 개봉한 일본영화 〈천리안〉에는 천리안을 가진 여주인공이 등장한다. 그녀는 앞으로 일어날 일을 미리 내다볼 수 있는 초능력의 소유자다. 투시력과 예지력을 모두 지닌 인물이라고나 할까. 세상 돌아가는 일을 척척 알아맞힐 수 있는 자신의 능력을 십분 활용해 의문투성이 사건의 실마리를 풀어간다.

그런데 그녀는 단지 스크린 속에만 존재하는 가상의 인물이 아니다. 실제로 이 지구상에는 우리가 흉내 낼 수 없는 비범한 능력의 원격투시자들이 실존하는지도 모른다. 대표적으로 거론되는 사람이 스웨덴의 에마누엘 스베덴보리인데, 그는 1759년 여행을 떠나 예테보리에서 식사를 하던 중 스톡홀름에 있던 자신의 집 근처에서 화재가 발생한 것을 직접

원격투시 훈련의 체계를 세운 잉고 스완

목격한 것처럼 생생히 투시한 것으로 유명하다. 두 도시는 500킬로미터나 떨어져 있었는데 추리에 의해서는 도저히 알 수 없는 자세한 정황까지 줄줄이 얘기해 사람들을 자지러지게 했다고 한다.

이후 여러 학자들이 원격투시remote viewing를 과학적으로 입증하기 위한 실험을 감행했지만 이렇다 할 결과가 도출되지는 않았다. 다만 스베덴보리 같은 능력자들이 미국과 소련의 냉전체제가 계속되던 1970~ 1980년대에 주로 탄생했다는 공통점이 있다. 이때는 양국이 기밀이나 군사동향을 빼내기 위해 스파이를 비롯해 온갖 수단을 동원했던 시기다. 한 가지 놀라운 사실은 미국이 이러한 목적을 위해 원격투시자들을 양성했다는 점이다.

여기서 주목해야 할 인물이 잉고 스완Ingo Swann. 당시 미국 정부는 그에게 원격투시 능력의 계발을 의뢰했다. 말하자면 그는 원격투시 훈련의 체계를 세운 선구자라 할 수 있다. 여기서 한 가지 재미있는 사실은 원격투시가 텔레파시나 공간이동 같은 일반적인(?) '초감각적 지각ESP' 의 개념이 아니라 훈련의 개념으로 인식됐다는 것이다. 실제로 원격투시는 ESP, 혹은 심령술과 다른 개념으로 받아들여지고 있다. 보다 체계적인, 말하자면 과학에 근접한 것으로 말이다.

스완 역시 초능력자가 아닌 평범한 일반인도 어느 정도 훈련만 받으면 충분히 천리안이 될 수 있다고 여겼고 제자들이 잠재된 초능력을 일깨울 수 있도록 도왔다. 학원에서 영어와 요리를 배우는 것처럼 훈련으로 원격투시자가 될 수 있다니 언뜻 믿겨지지 않는 것이 당연하다. 그게 사실이라면 이보다 획기적인 자기계발법은 없을 것이다.

잉고 스완과 사이코메트리

●

도대체 스완은 어떤 방법으로 후학을 양성했을까. 구체적 훈련 과정은 일반의 심신수련법과 유사하다고 알려져 있다. 일단 마음의 혼란한 파동을 가라앉히고 애초에 정한 목표에 따라 잠재적으로 떠오르는 이미지에 의식을 집중한다. 의식의 깊은 곳에 닿으면 마침내 과거·현재·미래가 모두 하나로 이어지는 '만물일여 우아일체(萬物一如 宇我一體)'의 단계에 이르는데, 여기서부터 투시를 가능케 하는 정보가 하나씩 수집된다고 한다.

일견 이는 동양의 기공(氣功)과 유사한 면이 많다. 기공은 우주 만물이 작용하는 근원인 기를 직접 제어하는 기술에 초점을 맞춘 전통적 수련법으로 현재 국제초능기공협회의 수련 프로그램에는 원격투시가 포함돼 있다. 명상을 통해 다른 곳에서 벌어지고 있는 사건을 볼 수 있다고 여기는 것이다.

물론 미국인인 스완이 그 당시에 기의 존재를 믿었다고 볼 수는 없다. 그는 원격투시를 초능력의 하나로 봤고, 그것을 훈련으로 습득하고자 한 괴짜였다. 그러나 그 괴짜가 양성한 원격투시자 양성프로젝트는 괴짜스럽지 않았다. 그가 키워낸 능력자들은 실제로 미국 중앙정보국[CIA]과 연방수사국[FBI], 마약관리국[DEA] 등 정부기관에서 활약한 것으로 전해지는데, 한 원격투시자는 소련과 중국의 지도를 보고 명상에 들어가 살상병기가 위치한 구체적 지명까지 읽어냈다고 한다.

스완과 그 제자들의 활약상 가운데 가장 널리 알려진 것은 1989년 베

원격투시는 단지 특정 공간이나 시간의 개념에 국한된 것이
아니라 사람의 마음까지 꿰뚫어보는 능력까지 포함한다.

를린 장벽이 무너지고 독일이 통일될 것이라는 사실을 약 2년 전에 미리 감지한 일이다. 당시는 정세가 그처럼 급격히 변화할 것이라고 아무도 생각지 않았기에 대부분의 사람들은 스완의 예측을 믿지 않았지만 결과는 정확히 맞아떨어졌다.

냉전 체제가 종식된 후에도 원격투시는 갖가지 수사에 활발히 이용됐다. 이를 전문용어로는 사이코메트리psychometry라고 하는데, 주로 범죄현장에 남겨진 물건을 만져서 그 소유자에 대한 정보를 읽어냄으로써 미궁에 빠진 사건의 범인을 찾아내는 것을 말한다. 미국, 영국, 독일 등 수사 선진국들은 물론이고 우리나라에서도 암암리에 활용하고 있다고 알려져 있다. 지난 1991년 대구에서 발생한 '개구리 소년 실종사건'이 대표적인 예로, 온 나라를 떠들썩하게 만든 이 사건 수사에도 사이코메트리가 동원됐다. 개중에는 납치범의 이름과 범행에 쓰인 차량번호까지 제시한 투시자도 있었다고 하지만 결국 범인을 잡지는 못했으니 효과는 없었던 셈이다.

오늘날의 원격투시는 단지 특정 공간이나 시간의 개념에 국한된 것이 아니라 독심술처럼 사람의 마음을 꿰뚫는 능력까지 포괄한다. 미국의 한 원격투시자는 걸프전 당시 사담 후세인의 마음을 읽어 정부에 작전의 단서를 제공했다는 이야기가 있다.

정리하자면 원격투시는 하나의 심오한 '기술'이며, 훈련받은 이만이 정확하게 시행할 수 있다. 이쯤에서 슬그머니 고개를 드는 의문 하나는 훈련을 받는다면 아무나 원격투시자가 될 수 있는가 하는 것이다. 대답은 '글쎄'다.

주체와 객체의 동화

●

원격투시 훈련 체계를 마련한 스완의 본업은 다름 아닌 심령학자였다. 투철한 직업정신을 지닌 그는 원격투시를 영적 의미로 받아들였는데, 예지력이나 텔레파시와 유관한 개념으로 믿었던 것이다. 다시 말해 감각기관에 일절 의존하지 않고 특별한 무언가를 통해 소통한다는 얘기다.

그가 제시한 구체적인 방법론은 '유체이탈'과도 깊은 관계가 있었다. 알려진 바에 따르면, 스완은 한 실험에서 몸소 유체를 이탈한 후 숨겨놓은 특정 물건을 감지해 그림으로 그려내기까지 했다고 한다. 그럼에도 그는 자신이 그린 물건이 무엇인지 알지는 못했고, 물건의 대략적인 형상만을 파악했을 따름이다.

심령학에서는 유체이탈을 하는 의식체는 물리적인 세계의 지배를 받지 않기 때문에 공간이나 시간의 제한을 받지 않는다고 믿는다. 스완의 일화가 믿을 만한 것인지와는 별개로 살아 있는 인간이 수시로 유체이탈을 감행한다는 게 가당키나 한 일일까. 게다가 명상 등의 훈련을 통해 유체이탈을 배우고, 그를 바탕으로 원격투시를 한다는 것은 상식적으로 쉽게 수긍이 되지 않는 부분이다.

그렇다면 과학은 원격투시에 대해 어떤 해석을 덧붙일 수 있을까. 원격투시를 과학적으로 설명하려는 여러 시도 중 흔히 인용되는 것은 프랑스의 초심리학자 르네 워콜리어Rene Warcollier의 이론이다. 이 이론의 핵심은 투시자와 그 대상 사이에 어떤 특별한 상호작용이 일어난다는 것이다. 워콜리어가 《마음에서 마음으로Mind to mind》에서 주장한 바에 의하면 투시자가 어떤 대상에 주의를 집중하면 투시의 주체와 객체는 '어떤 방식으로든' 서로 동화된다. 그로 인해 투시자는 대상에 대한 결정적 이미지를 얻을 수 있다. 말하자면 잠재의식이 일상의 감각체계로 편입 혹은 흡수되는 것이다.

소설 《미스터리: UFO와 신의 비밀》의 저자이자 미국의 원격투시 연구가 커트니 브라운 또한 비슷한 견해를 밝혔다. 그는 투시를 의식과 무의식의 소통을 통해 자각의 한 수준에서 다른 수준으로 이동하는 일련의 절차로 해석한다. 무의식을 통해 들어오는 정보는 '직관'이라 할 수 있는데, 이 직관은 정보를 전달하는 물리적 수단 없이 시간과 공간을 넘어 작용한다. 즉 직관적인 정보를 체계화시켜서 그 내용을 분석 · 기록하면

심령술사와 투시 훈련

1972년 미국은 소련이 군사작전에 초능력을 활용하려고 한다는 소식을 접한다. 이에 따라 CIA는 미국 내에서도 초능력을 지닌 스파이를 양성하자는 방침을 세운다. 이른바 '스타 게이트Star Gate'라는 이름의 원격투시기술 확보 프로젝트였다. 이를 위해 CIA는 당대 미국 최고의 과학 연구기관인 스탠포드연구소SRI에 자금을 지원하며 연구를 의뢰한다. 그러나 SRI의 학자들은 뛰어난 실력과는 별개로 과학적 상식을 넘어서는 미지의 영역에 대해서는 잘 알지 못했다. 그들은 기껏 몇몇 실험을 통해 투시의 발생 가능성 정도를 제시했을 따름이다. 이런 이유로 CIA는 급기야 심령술사(혹은 심령학자)이자 고도의 투시 능력을 지닌(?) 잉고 스완을 영입한다. 그리하여 20여 년 동안 군인들을 대상으로 원격투시 능력 훈련을 시행한 것이다.
정부 차원에서 원격투시에 대한 연구가 비밀리에 진행되는 동안 다른 민간 연구기관에서도 유사한 현상에 대한 연구를 진행했다. 그들 중 일부는 SRI에서의 연구를 재현했으며, 또 다른 편에서는 전혀 다른 방향으로 연구를 진행했다. 일각에서는 워크샵 등을 통해 대중에게 원격투시법을 보급했다고도 하지만 아직 그 체계화된 방법론에 대해서는 전해진 바가 없다.

사이코메트리 같은 행위가 가능하다고 그는 생각했다.

이런 견해에서 보자면 스완과 같은 권위자들의 역할이란 투시자가 자신의 잠재적 능력이나 감각을 힘껏 발휘하고, 직관을 체계화할 수 있도록 나름의 훈련법을 마련한 것이라고 정리할 수 있다. 그것이 명상이든 유체이탈이든 말이다. 실제로 여러 정형화된 원격투시 방법을 제시한 이론가들 역시 자신들이 제시한 방법은 투시자가 좀 더 성공적으로 잠재의식에 접근할 수 있도록 도와주는 체계라고 밝히기도 했다.

혹자는 물리학에서 이 이론에 대한 근거를 찾기도 하는데, 오늘날 양자물리학의 주류를 이루는 '코펜하겐 해석'이 그 골자다. 코펜하겐 해석에서 모든 물리량은 관측이 가능할 때만 의미를 가진다. 물리적 대상이 가지는 물리량은 객관적인 값이 아니라 관측 작용의 영향을 받는 값이라는 설명이다. 이런 점은 투시자와 대상, 주체와 객체의 상호작용에 대한 각주가 될 수 있다.

그럼에도 의문은 여전히 남는다. 투시자와 대상이 어떤 방식으로 동화된다는 것일까. 또 직관적 정보는 어떤 과정에 의해 전달된다는 걸까. 구체적인 방법과

잉고 스완이 제시한 구체적인 방법론은 유체이탈과도 깊은 관련이 있었다.

과정에 대해 과학은 아직 설득력 있는 견해를 제시하지 못하고 있다. 혹자는 원격투시가 청각이나 후각 같은 감각의 발달 혹은 육감의 발현이라고도 하지만 근거가 부족하기는 마찬가지다. 원격투시를 하나의 과학적 현상으로 설명하려면 새로운 이론이 출현하기를 기다리는 수밖에 없을 듯하다. 그리고 그 이론은 매우 고차원적인 것이어야 한다. 오늘날 원격투시는 다른 종류의 초능력들과는 달리 한 종류의 능력을 지칭하는 것이 아니라 다양한 능력들이 종합적으로 혼합된 개념이다. 시간이 지남에 따라 그 개념이 더욱 확대되고 있는 셈이다. 이제 과학이 분발해야 할 차례가 아닐까.

미스터리 서클, 누구의 작품인가

하룻밤 사이에 정체를 알 수 없는 거대한 기하학적 문양이 논과 밭, 초원에 생겼다. 도무지 사람이 한 것이라고는 믿기 힘든 이런 흔적을 우리는 '미스터리 서클mystery circle' 이라 부른다. 세계 곳곳에서 출현하고 있는 미스터리 서클을 놓고 혹자는 외계인의 소행, UFO의 흔적이라 주장하고 다른 한편에서는 짓궂은 인간들의 장난이라 말한다. 과연 진실은?

외계인이 보낸 신호

2008년 6월 충남 보령시 천북면 주변의 한 갈대밭에서 지름 200미터가 넘는 미스터리 서클이 발견됐다. 국내에서 미스터리 서클이 발견된 것은 처음이었기에 그 소식은 9시 뉴스로도 전해졌다.

한 무인 항공 촬영가에 의해 발견된 이 서클은 육안으로 봐도 엄청난 크기에 태양계를 연상케 하는 복잡다단한 무늬로 세간의 호기심을 자아냈다. 외계인과 UFO에 관심이 많은 오컬트 마니아들의 가슴을 설레게 했음은 물론이다. 특히 원의 형태가 완벽하고 주변 잡풀이 쓰러진 라인도 칼로 도려낸 듯 선명하다는 전문가들의 진단은 초자연적 현상에 대한 대중적 기대감을 한껏 증폭시켰다. 어쩌면 외계인이 한국인들에게 보낸 어떤 메시지일지도 모른다는 식의 추측이 꼬리에 꼬리를 물었다.

그러나 한 달여가 흐른 뒤 의문은 예상치 않은 곳에서 풀렸다. 이 미스터리 서클은 다름 아닌 가수 서태지가 새 음반의 콘셉트에 맞춰 진행한 프로모션의 일환이었던 것이다. 이후 서태지 측은 "지금껏 풀리지 않는 미스터리를 팬들과 함께 풀면서 새 음반을 기다리는 시간이 지루하지 않게 하기 위한 이벤트였다."고 설명했다. 아울러 자작극(?)은 외국 사례

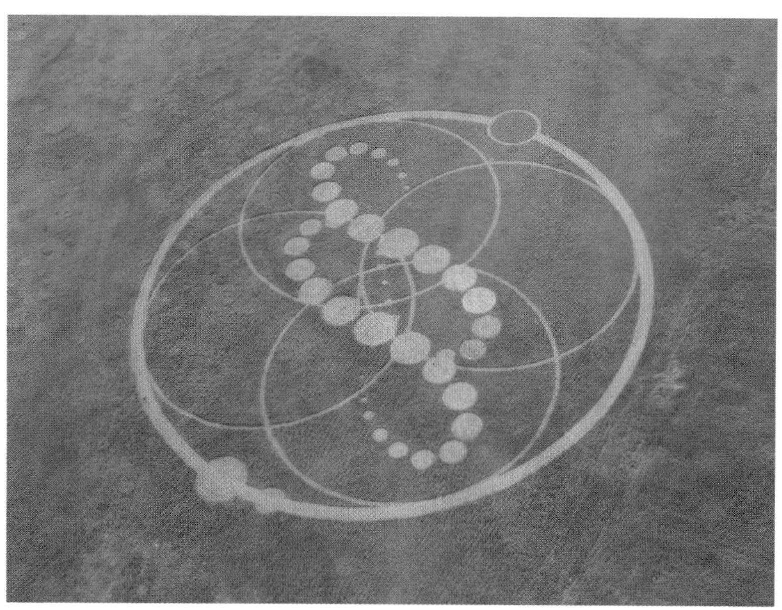

2008년 6월, 가수 서태지의 새 음반 출시에 맞춰 진행한 프로모션의 일환으로 충남 보령 한 갈대밭에 만든 미스터리 서클

를 참고해 1년간 기획하고 2개월 동안 만들었다는 점도 밝혔다.

이 사건은 서태지 팬들을 비롯한 많은 사람들에게 색다른 재미를 안겨 줬다. 하지만 많은 미스터리 신봉자들은 맥이 빠졌다. 외계인의 흔적으로 믿어 의심치 않았던 것이 가수의 퍼포먼스였다니 그럴 만도 했다. 지구촌 곳곳에서 보고된 다른 미스터리 서클들도 이처럼 외계인이 아닌 지구인들의 장난에 불과한 것일까. 그렇게 치부하고 지나치기에는 뭔가 개운치 않은 면이 많다.

미스터리 서클은 식물이 일정한 방향으로 누워 형성된 커다란 원형 문양을 의미한다. 대개 옥수수밭, 보리밭 같은 곡물 밭에 만들어지기 때문에 '크롭 서클crop circle'이라고도 불린다. 기록상 최초의 미스터리 서클은 1946년 영국 남서부 솔즈베리의 페퍼박스힐 지역에 나타난 두 개의 원형이다. 이후 미국, 영국, 네덜란드, 호주를 비롯한 전 세계 논밭에서 이와 유사한 형상이 잇따라 발견됐다. 1970~1980년대에 접어들면서는 영국 런던 남서쪽 스톤헨지, 에이브버리, 글레스톤베리 일대의 평원이 주요 거점이 됐다. 그 숫자도 한 해 기준 수십 개에서 수백 개 수준으로 늘었고 형태와 크기 역시 점차 다양해졌다.

초자연적 징후들

●

이와 관련 2011년 8월 중국에서도 최초의 미스터리 서클이 출현했다. 칭하이성 더링하시 주변 사막에서 발견된 이 서클은 직경이 자그마치 2킬로미터가 넘었다. 미스터리 서클의 직경이 통상 40~200미터 정도라는 점에서 스케일이 남다른 경우였다. 모양도 매우 정교했는데 기계 등을 이용해 인공적으로 작업한 흔적은 전혀 없었다. 더 놀라운 사실은 여타 미스터리 서클이 그렇듯, 이것도 단 하룻밤 사이에 하늘에서 떨어지듯 만들어졌다. 상황이 이렇다보니 외계인의 작품이라고밖에는 달리 설명할 길이 없었다.

미스터리 서클을 외계인의 메시지로 해석하는 사람들에게는 몇 가지 근거가 있다. 첫째는 곡물의 줄기가 넘어지면서 생긴 마디 부분이 살짝 부어 있다고 알려진 점이다. 일반적으로 식물을 강제로 굽히면 꺾여서 훼손되기 마련이지만 미스터리 서클의 식물들은 그렇지 않다는 것이다. 이들을 현미경으로 분석했더니 내부의 세포벽이 연장되어 있었다는 말도 전해진다.

어쨌든 이런 독특한 마디 구조로 인해 해당 곡물들은 90도 이상 꺾어진 채로도 시들지 않고 추수 때까지 정상적으로 자라날 수 있다고 한다. 상식적, 아니 과학적으로는 이해하기 어려운 현상인 탓에 오컬트 신봉자들은 UFO가 바이오에너지를 투사해 마디를 만들었거나 마디 사이의 간격을 인공적으로 넓힌 것이라고 주장한다. 또한 미스터리 서클은 식물의

외계인의 소행이나
UFO의 흔적이라고 보는
미스터리 서클 중 하나

마디 부분이 얼개처럼 서로 얽혀 한 방향으로 누워 있다. 단순히 꺾여 쓰러진 것과는 분명하게 구별되는 형태다. 대규모 장비와 인원이 동원되지 않는 이상 개인 또는 소수의 사람이 이렇게 하려면 최소 몇 달은 걸린다는 게 전문가들의 판단이다.

두번째 근거는 미스터리 서클을 항공사진으로 촬영한 뒤 컴퓨터로 분석했을 때 마치

미스터리 서클에서 영감을 받아 예술작품으로 승화시키는 스노우 아티스트 사이먼 벡(Simon Beck)이 기하학적인 패턴을 형상화한 작품

컴퓨터 소프트웨어로 그린 듯 오차가 거의 없는 부분이다. 사실상 완벽에 가까울 정도로 정교한 기하학 문양을 하고 있는데, 이는 기계장치나 사람의 손으로는 흉내내기가 불가능한 수준이다. 마지막으로 미스터리 서클 주변의 토양이다. 여기서 의문의 철분이 다량 검출되었는데, 조작된 것으로 판명된 미스터리 서클에서는 찾아볼 수 없는 특징이었다.

이 같은 몇 가지 사안은 미스터리 서클이 UFO의 착륙 흔적이거나 혹은 외계인이 남긴 메시지라는 설에 무게를 더한다. 만의 하나라도 이게 사실이라면 우리는 서클에 담긴 의미를 풀어내야 할 것이다. 그리고 이때는 영화 〈싸인〉에서와 마찬가지로 의미를 풀어갈수록 예기치 못한 엄청난 결과에 맞닥뜨리게 될지도 모른다.

미스터리 서클메이커

●

그럼에도 대부분의 사람들은 외계인 메시지 설에 의문을 제기한다. 당연히 외계인의 존재를 믿지 않는 사람들은 더욱 그렇다. 앞선 서태지의 사례처럼 '인간 조작설'에 무게를 두는 부류의 주장은 이렇다.

먼저 미스터리 서클을 이루는 식물의 마디 부분이 부어 있는 형태이며 계속 생장한다는 말은 애당초 거짓이다. 어느 미스터리 서클에서도 그런 식물이 발견된 바가 없다. 실제로는 대다수 줄기들이 뜯겨져 있거나 꺾여 있는 것이다. 결국 마디와 관련한 의문은 극소수의 멀쩡한 줄기를 UFO 신봉자들이 자신의 논리에 유리하게 확대 해석한 결과로 볼 수 있다. 아울러 미스터리 서클은 불과 하룻밤 사이, 순식간에 형성되기 때문에 목격자가 없다는 이야기 또한 꾸며진 것이다. "자고 일어나 보니 집 앞 농장에 의문의 서클이 생겼다."와 같은 단순 목격담은 그저 입에서 입으로 전해졌을 뿐 그 이상도 이하도 아니다. 간혹 언론을 통해 전해진 이런 목격담 역시 조사 결과 모두 거짓으로 밝혀졌다고 한다.

이와 관련해 과학 분야에 몸담고 있는 전문가들은 1990년대 들어 UFO와 외계인 붐이 일면서 그와 관계된 담론으로 수익을 올릴 수 있었던 미스터리 전문가들이 어쩌다 생겨난 문양을 의도적으로 외계인과 연결시켰다고 진단한다. 여기에 호사가들의 갖가지 추측이 더해지면서 미스터리 서클이 오늘날의 입지를 굳히게 됐다는 말이다.

이 설명을 뒷받침하는 사례로 미스터리 서클 전문 제작팀을 자청하는 영국의 '서클메어커스^{Circlemakers}'를 들 수 있다. 이 팀은 영국에서 발견된 많은 미스터리 서클이 자신들의 걸작이라고 주장한다. 1960년대에 언론을 통해 처음 미스터리 서클의 존재를 접하게 된 이후 재미삼아 영국과 호주 등지에 수십 개를 직접 만들었다는 것이다.

이들은 이를 증명하기 위해 몇 가지 제작 노하우를 공개하기도 했다. 예를 들어 현장에 발자국을 남기지 않기 위해 얇은 봉을 이용해 장대높이뛰기를 하듯이 이동하며, 사람들의 눈에 띄지 않기 위해 오직 달빛에만 의지해 작업을 한다는 것이다. 1990년대 초에 작업했던 한 미스터리 서클은 밝은 보름달 때문에 나무 그림자 뒤에 숨어서 작업하기도 했다고 한다.

그런데 이들의 말이 설령 진실이더라도 근본적인 의문이 남는다. 그 숫자가 얼마나 될지는 알 수 없지만 전 세계의 지구인 미스터리 서클 메이커들을 이 세계로 끌어들인 초기의 미스터리 서클들은 도대체 누가 만들었는지에 대한 의문이다. 한 미스터리 서클 연구자는 자체 조사를 통

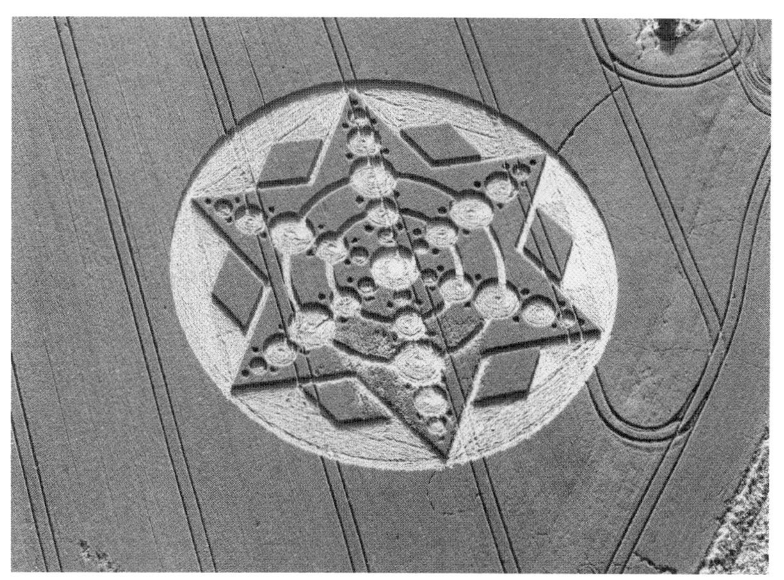

영국의 서클메어커스는 영국에서 발견된 많은 미스터리 서클이 자신들의 걸작이라고 주장한다.

해 이런 말을 남긴 적이 있다. "전 세계의 서클 중 단 10퍼센트만이 괴짜 지구인의 솜씨이며 90퍼센트는 여전히 모든 것이 의문투성이다."

범인은 회오리바람?

●

항간에서는 미스터리 서클의 근원을 외계인과 사람이 아닌 자연현상으로 풀어낸다. 이러한 주장은 여러 분야의 학자들이 발표한 가설에 근거한다. 가령 기상학자들은 회오리바람 때문에 식물이 모두 시계방향으로 누웠다는 '회오리 바람설'을 제기하고, 물리학자들은 땅 속 자기장의 영향을 받아 식물들이 특정 방향으로 누웠다는 '지자기설'을 피력한다. 특히 미스터리 서클 관련 연구가 비교적 활발히 전개됐던 일본에서는 다양한 담론이 오갔다. 이중 가장 신빙성 있다고 여겨지는 것은 1990년대 초 니혼대학의 한 교수가 유체역학과 전자기학 방정식을 연결시켜 제시한 '소용돌이설'이다.

영국에서 발생한 미스터리 서클을 소용돌이설로 해석해 보자. 이때는 영국 남동쪽과 프랑스 북서쪽 사이에 위치한 도버해협을 발원지로 볼 수 있다. 도버해협에서 불어온 바람이 언덕을 넘으면 많은 먼지와 티끌을 만난다. 그리고 공기의 교란에 의해 먼지와 티끌들이 서로 마찰을 일으켜 전기적 성질을 가질 수 있다. 바로 이 경우 폭 10미터 정도의 소용돌이가 탄생하게 되고, 소용돌이가 지면과 대기 사이에 자연적으로 존재하는 1미터당 60볼트 정도의 전압에 이끌려 낙하하면 논과 밭의 식물을 기하학적 문양으로 쓰러뜨릴 수 있다는 것이다. 다만 이 가설에 따르면 맑은 날과 흐린 날에는 지표면의 전기적 성질이 각각 양(+)과 음(−)으로 달라져 맑은 날에는 좌회전, 흐린 날에는 우회전의 서클이 발생해야 한다.

하지만 이 부분은 정확히 증명되지 않은 상태다. 따라서 이 가설은 글자 그대로 가설로 남아 있다.

이외에도 정전기설, 중력설, 조류설 등을 주장하고 있지만 설득력 있는 설명은 아직 나오지 않았다. 갑론을박에도 불구하고 미스터리 서클은 과학적으로 명확히 정체를 파헤치지 못한 존재인 셈이다.

이런 가운데 신비주의자들 사이에서는 미스터리 서클이 고대 유럽의 유목민족인 켈트족의 상징과 흡사하다는 점에 착안해 새로운 해석을 꾀하고 있다. 이는 많은 미스터리 서클이 13일의 금요일에 자주 발견되며 스톤헨지 등 성스러운 유적지에 형성됐다는 점 등과도 유관하다. 그러나 정확히 켈트족과 서클이 어떤 연관성을 가지고 있는지는 누구도 정확히 설명하지 못한다.

그 이름 자체에서도 드러나듯 미스터리 서클은 적어도 지금은 도무지 풀릴 기미가 보이지 않는 미스터리로 남아 있다. 그것이 외계인의 소행이든 지구인의 장난이든, 아니면 또 하나의 신비로운 자연현상이든 상관없이 미스터리 서클은 우리에게 매우 흥미로운 볼거리인 것만은 분명해 보인다.

켈트족과 13일의 금요일

'13일의 금요일'이 언제 어디서부터 왜 시작되었는지에 대해서는 여러 설이 난무하다. 켈트족의 전설에서 유래됐다는 이야기도 그중 하나다. 여러 나라를 정복한 켈트족의 한 왕이 어느 날 12명의 장군을 거느리고 전쟁에서 승리를 거뒀다. 그런데 돌아보니 왕을 따르는 장군이 모두 13명이었다. 왕이 13번째 장군의 이름을 묻자 그는 자신의 이름이 '죽음'이라 답했고 불과 며칠 뒤 왕은 목숨을 잃고 말았다. 이렇게 13번째가 죽음을 의미하면서 13이라는 숫자가 불길함을 상징하게 됐다는 것이다.

장난꾸러기 유령 폴터가이스트

폴터가이스트Poltergeist는 독일어로 '야단법석을 피우는 장난꾸러기 유령' 이란 뜻을 갖고 있다. 어떤 알 수 없는 힘에 의해 문이 열리거나 닫히는 현상, 의자나 침대 같은 물체가 움직이거나 파괴되는 현상, 괴상한 소음과 악취가 나는 등의 초자연적 현상이 폴터가이스트에 속한다. 폴터가이스트가 정확히 언제 생겨난 개념인지는 알 수 없으나 이와 같은 의미는 고대 그리스와 로마 시대에도 존재한 것으로 알려져 있다. 대체로 유령 혹은 귀신과 동일시되고 있으며 망자의 혼령, 특히 원한을 지닌 악령의 소행이라는 해석이다.

때문에 폴터가이스트는 공포영화의 단골소재이기도 하다. 30여 년 전 스티븐 스필버그Steven Spielberg가 제작한 영화 〈폴터가이스트〉가 대표적인 예다. 평범한 가정에서 언제부턴가 물건들이 저절로 움직이는 기이한 현상이 일어나고 가족들은 공포에 휩싸이지만 누구도 사건을 해결하지 못한다는 스토리다. 단지 영화 말미에 집터가 한때 공동묘지였다는 사실

스티븐 스필버그가 제작한 영화 〈폴터가이스트〉

만 밝혀질 뿐이다. 최근 3편을 개봉한 〈파라노말 엑티비티〉 역시 폴터가이스트를 주요 소재로 삼고 있다. 잠든 주인공이 갑자기 끌려 나가거나 일없이 유리창이 흔들리고 전구가 파열되는 등 영화 속 '보이지 않는 유령'의 장난은 오랫동안 이어진다.

이런 식의 스토리는 지난 몇십 년간 무수히 많은 공포물에서 반복돼 왔기 때문에 사실 이제는 별반 신선한 재미를 주지 못한다. 물론 스필버그의 〈폴터가이스트〉는 내용의 신선도와는 상관없이 각 시리즈 때마다 배우나 스태프들이 의문의 죽음을 당해 '저주 받은 영화'로 악명을 떨치며 오랫동안 영화팬들의 등골을 오싹하게 만들었지만 말이다. 이처럼 영화 속 폴터가이스트는 재탕, 삼탕을 넘어 더 이상 맛도 느낄 수 없을 만큼 시시한 소재가 됐다. 그러나 눈으로 확인할 수 없는 무언가가 실제로 당신을 공격한다면? 그때도 그저 콧방귀나 뀌며 대수롭지 않다는 듯 웃어넘길 수 있을까.

보이지 않는 힘

●

폴터가이스트가 진짜 귀신이나 유령에 의한 현상인지는 알 수 없지만 지금껏 보고된 사례에 따르면 주로 흉가나 공동묘지에서 발생한 경우가 많다. 이에 대해서는 2010년 개봉한 한국영화 〈폐가〉에 얽힌 사건을 거론하지 않을 수 없다. 귀신 들린 집으로 유명한 폐가에서 벌어진 기묘한 사건을 다룬 이 영화는 개봉 당시 적잖은 반향을 일으켰다. 그 이유는 촬영 장소로 택한 경기도의 폐가에서 실제 몇 가지 이상현상이 일어났기 때문이다.

제작진이 직접 밝힌 바에 의하면 촬영 현장에서는 폴터가이스트로 의심되는 현상들이 빈번히 발생했다. 세팅해 놓은 소품 위치가 멋대로 바뀌어 있거나 의도치 않게 카메라가 온·오프 되는 등의 일들이 그것이다. 나중에 편집을 통해 오작동된 카메라에 찍힌 영상을 확인해보니 아무것도 없는 텅 빈 화면에 잡음만 심하게 잡혀 있었다고 한다. 또한 촬영 도중 몇몇 배우는 귀신으로 추정되는 흰 블라우스를 입은 낯선 여인을 목격했으며, 스태프들은 귀청이 떨어져나갈 정도로 소름 끼치는 비명 소리를 듣기도 했다고 한다. 게다가 영화 〈폴터가이스트〉와 유사하게 감독, 스태프, 배우 할 것 없이 영화에 참여한 이들이 이유 없이 아프거나 다치는 일도 잇따랐다. 이 같은 일련의 악재가 계속되자 제작진은 울며 겨자 먹기 식으로 위령제를 감행하기도 했다.

최근 영화배우 최민수는 TV 예능프로그램에 출연해 어느 폐가에서의 미스터리한 경험을 직접 털어놓기도 했다. 전기조차 들어오지 않는 산속 낡은 폐가를 고쳐 지냈다는 그는 그곳에서 귀신, 도깨비 등을 목격했다고 밝혔다. 또 전원을 꺼놓은 라디오에서 갑자기 누군가의 목소리가 들려왔고, 잠긴 수도꼭지에서 물이 쏟아졌으며 전등이 갑자기 켜지기도 했다고 전했다. 영락없는 폴터가이스트다.

폴터가이스트는 몇몇 특별한 사람만이 겪는 일이 아니다. 비슷한 일에 대한 경험담은 인터넷상에서 어렵지 않게 찾을 수 있다. 심지어 폴터가

유령 혹은 귀신과 동일시되고 있기 때문에 폴터가이스트는 공포영화의 단골소재가 되기도 한다.

이스트를 직접 촬영했다는 일반 네티즌들의 동영상도 꽤 많이 떠돌아다닌다. 70만 건 이상의 조회수를 기록한 '리얼 폴터가이스트'라는 동영상은 집안의 물건들이 저절로 움직이는 모습이 촬영돼 있다. 마치 투명한 유령이 주방의 식기나 거실 가구들을 부수며 집안 곳곳을 헤집는 듯한 영상이다. 촬영자는 자신이 없는 시간을 틈타 물건들이 저절로 움직이는 것을 의심해 카메라를 설치했다고 밝히고 있다.

유령 아닌 사람이 범인?

●

많은 이들이 경험한 폴터가이스트가 실재하는 현상인지, 아니면 누군가의 착각이나 장난에 의해 조작된 해프닝인지는 단정키 어렵다. 또 실재하는 현상이라 해도 귀신과 유령 같은 영적 존재에 의한 것인지는 더욱 불분명하다.

과학 혁명기인 20세기에 접어들면서 일각에서는 폴터가이스트가 살아 있는 인간에 의해 유발된 현상이라 주장하기도 했다. 범인은 바로 사람의 염력(念力)이라는 것이다. 초심리학의 노른자위로 불리는 염력은 어떤 물질적 매개 없이 인간의 의지만으로 특정 물체를 움직일 수 있는 힘을 말한다. 사념을 집중하면 물질계에 직접적 영향을 미칠 수 있다는 주장인데, 이를 부연하는 가장 흔한 근거가 일명 '주사위 통계' 다. 주사위를 던지기 전 목표 숫자를 정해놓으면 그 숫자가 나올 확률이 그렇게 하지 않았을 때보다 통계학적으로 높다는 것이다.

폴터가이스트의 원인이 염력이라는 데 동의하는 대다수 초심리학자들은 특정 인물이 나타나면 이상 현상이 일어났다가 그 사람이 사라지면 사건도 끝난다고 주장한다. 물론 그 문제의 인물이 옮긴 새로운 장소에서는 다시 폴터가이스트가 일어난다.

이 주장의 연장선상에서 심령현상에 몰두한 헝가리 출신의 심리학자 내더 포더Nandor Fodor는 1930년대 심리 기능장애 이론psychological dysfunction theory으로 폴터가이스트를 설명했다. 포더에 따르면 폴터가이스트는 인간 내면의 극심한 분노나 적개심에 의해 일어난다. 이후 포더의 이론을 지지한 미국의 심령연구가 윌리엄 롤William G. Roll은 심리적 장애가 있는 사람들이 뿜어내는 재현 자발 염력recurrent spontaneous psychokinesis이 폴터가이스트의 주범이라는 주장을 펼쳤다. 10대 청소년들, 특히 여성 청소년이 반항심, 적개심을 표현할 때 염력이 발휘된다는 설명이었는데, 그는 이것이 100여 건이 넘는 각국의 폴터가이스트 사례를 일일이 연구한 결과라고 말했다.

그럼에도 불구하고 대부분의 사람들이 염력을 그저 초자연적 현상, 다시 말해 현실 불가능한 일로 여기자 과학계의 일부 소장파 학자들은 염력을 생물학적으로 해석하고자 시도했다. 미국의 정신과 전문의이자 생물학자인 메인 코라가 대표적 인물. 그는 사람이 정신을 고도로 집중하면 '생체 전기bio-electricity'를 발생시킬 수 있다며 염력의 근원이 생체 전기라고 주장했다.

체내의 생체 전기

●

생체 전기는 사람을 비롯한 전 생물종에서 흔히 볼 수 있는 발전 현상으로 매우 고전적인 개념이다. 생물의 여러 조직과 기관에서 나타나지만 가장 밀접한 곳은 신경세포와 근육세포다.

신경이나 근육의 정지 전위resting potential 및 활동 전위action potential는 생체의 활동 지표로 이용되기도 하는데 대표적 예로 대뇌피질 신경세포에서 발생하는 전기 신호인 뇌파는 뇌의 기능적 변화를 감지하여 특정 질병을 찾아내는 데 쓰인다. 신경이나 근육 이외에 피부 점막, 안구 망막 등 상피조직에서도 전위는 나타난다. 상피조직 세포는 내외부 막의 성질이 서로 다르지만 세포막에서 영양을 선택적으로 흡수·배출하는 능동 수송active transport이 이뤄진다. 여기서 바로 전위가 발생하는 것이다.

신경, 근육 등의 흥분성 세포가 전혀 동작하지 않을 때의 정지 전위는 음(-) 전위 60~90밀리볼트(mV, 1V=1000mV), 흥분할 때의 활동전위는 양(+) 전위 30~40밀리볼트가 생성된다. 겨울철 카펫 위를 걸을 때 발생하는 정전기가 1000~3만5000볼트 정도라는 점에서 생체 전기는 극히 미미한 수준이다. 우리가 체내의 생체 전기를 전혀 감지하지 못하는 것도 이 때문이다.

같은 맥락에서 혹여 생체 전기가 인체자연발화SHC 같은 현상을 일으키지는 않을까 걱정했다면 괜한 기우다. 전문가들은 지금까지 알려진 생

체 전기의 방전 형태로는 체내에서 불꽃이 솟아오르게 만드는 것은 불가
능하다고 일축한다. 단지 10만 명 중 1명 꼴로 피부가 유난히 건조한 사
람들의 경우 체내에서 무려 3만 볼트의 전기를 생성한다는 가설도 있지
만 실례는 아직 찾을 수 없다.

물론 별도의 발전기관을 지녀 강력한 전기를 발생하는 어류, 즉 발전
어electric fishes의 전위는 수백 볼트에서 수천 볼트에 달하기도 한다. 감전
되면 목숨을 잃을 수도 있는 수준이며, 지구상에는 전기가오리, 전기메
기, 전기뱀장어 등 50여 종의 발전어가 살고 있다. 덧붙여 전위는 동물뿐
아니라 신경초로 잘 알려진 미모사 같은 식물에서도 관찰된다.

그렇다면 생체 전기는 어떻게 염력, 즉 사물을 움직이는 물리적 힘으
로 변환될 수 있는 것일까. 모르긴 몰라도 이는 물체의 고유주파수natural
frequency와 유관한 듯하다. 각 물체는 형태, 탄성, 밀도 등에 의해 각기
다른 고유의 주파수를 가지는데 외부에서 동일한 주파수가 가해지면 형
태 등이 변한다. 고음으로 노래할 때 유리잔이 흔들리거나 깨지는 것을
생각하면 되는데, 이는 유리의 고유주파수와 목소리의 주파수가 일치해
공명(공진)을 일으킨 결과다.

테슬라와 에디슨

●

다시 코라 박사의 이야기로 돌아
가 보자. 생체 전기로 염력이 일
어난다고 믿었던 그는 갖가지 실
험을 감행하는 과정에서 자신의
체내 생체 전기를 이용해 공중에

수만 볼트의 전기를 방전해 실험하고 있는 니콜라 테슬라

매달아둔 상자를 움직이는 데 성공했다고 한다. 이동 거리가 최대 2.5미터나 된 것으로 알려져 있다. 나아가 코라 박사는 수행자가 앉은 자세로 공중으로 떠오르는 공중부양도 생체 전기 때문이라고 기록했다. 공중부양이 인체를 양전위로, 지면을 음전위로 대전시켜 상호 반발력에 의해 일어나는 작용이라는 분석이었다.

코라뿐만 아니라 '전기의 마술사'로 불리는 비운의 천재 전기공학자 니콜라 테슬라 역시 생체 전기에 큰 관심을 가졌다. 그는 인체가 램프에 불을 켤 수 있을 정도의 전기를 만들어낼 수도 있다고 믿었다. 전해지는 바로는 '정신 증폭기'라는 아주 특별한 기기를 개발하기도 했는데, 이는 정신을 고도로 집중시켜 염력을 일으키는 기기였다. 까다롭고 괴팍한 성격의 소유자였던 테슬라가 어느 날 맘에 안 드는 뉴욕 시내의 식당 앞에서 그 기기를 작동시켜 식당의 유리창을 모조리 부숴버렸다는 확인하기 어려운 일화도 있다. 하지만 안타깝게도(?) 테슬라의 정신증폭기는 25개국에서 272개의 특허를 획득한 테슬라에게도 무리였던 모양이다. 사용자의 의도대로 작동되지 않는 등 정확성이 떨어져 자체 폐기했다는 후문이다.

반면 테슬라와 동시대에 활동했던 발명왕 토머스 에디슨은 정황상 폴터가이스트 혹은 염력을 유령의 행각으로 믿었을 개연성이 높다. 그는 1920년대 '유령 탐지기'를 개발해 미국의 대중과학잡지 〈사이언티픽 아메리칸〉에 글을 기고한 바 있다. 여기에 소개된 유령 탐지기는 보통의 청각으로 들을 수 없는 음성을 전자장치로 녹음하는 전자 음성 현상 Electronic Voice Phenomenon, EVP을 바탕으로 한다. 영화 〈화이트 노이즈〉에서처럼 유령의 소리를 음향장치에 녹음해 눈에 보이지 않는 존재를 증명하려 했던 것이다. 이 기기 역시 결국에는 미완성으로 남았다.

폴터가이스트의 실체를 파헤치려는 과학자들의 연구는 지금까지 계속되고 있다. 그리고 여전히 의견은 분분하다. 유령의 소행인지, 사람의 염력에 의한 현상인지 지금 당장은 뭐하나 딱 부러지는 결과가 도출되지 않고 있다. 그러나 언젠가 다른 초자연적 현상들과 함께 실체가 밝혀질 수도 있다. 그때가 되면 테슬라의 정신 증폭기나 에디슨의 유령 탐지기가 상용화돼 스마트폰을 능가하는 세기의 잇 아이템으로 떠오를지도 모를 일이다.

발전어 electric fishes

발전기관이 있어 강력한 전기를 발생하는 어류로 전기어(電氣魚), 전기물고기라고도 한다. 전기가오리, 전기메기, 전기뱀장어 등 6목 10과에 걸쳐 약 50종이 알려져 있다. 계통적으로는 산발적으로 나타나 분류학상 근연종(近緣種)이 아니므로 생태적인 공통성도 많지 않다. 다만 발전에 있어서 행동상 많은 공통점은 발전기관을 먹이의 포획과 적에 대한 방어로 이용한다는 점이라고 추측된다.

전기가오리와 전기뱀장어의 발전기는 가로무늬근이 변한 것으로 근원섬유(筋原纖維)가 6각형의 판자 모양인 발전판이 되어 이것이 여러 장 겹쳐 기둥 모양의 발전주를 만들고 다시 이들이 수십 개 모여 발전기를 형성한다. 전기메기의 발전판은 표피 중의 세포가 변화한 것으로 생각된다. 발전기관은 모두 신경의 지배를 받으며 그 자극으로 열과 기계적 에너지는 거의 발생하지 않고 전기만 발생한다. 하나의 발전판은 0.01~0.10V의 약한 전기를 내지만, 많은 발전판으로 구성되는 발전기관은 강력한 전기를 발생한다.

바닷물에서 사는 전기가오리는 20~30V로 낮고, 민물에 서식하는 전기뱀장어는 650~850V, 전기메기는 400~450V로 높다.

반대로 전류는 전기가오리가 60A로 높고 전기뱀장어는 1A 이하로 낮다.

현재 지구의 생물계는 심대한 위기에 처해 있다. 개구리에서부터 호랑이에 이르기까지 수많은 동물들의 종(種) 수와 개체수가 걷잡을 수 없이 줄어들고 있는 것이다. 이런 가운데 일부 학자들은 현재 상태를 놓고 지구가 지난 5억4000만 년 동안 다섯 차례나 겪었던 대멸종이 또 한 번 시작될 것임을 알려주는 경고라고 주장하고 있다.

대멸종이란 여러 가지 요인이 복잡다단하게 작용하여 상당수의 생물종이 비교적 짧은 시간 내에 급격히 소멸되는 현상을 의미한다. 대개 전체 생물종의 75퍼센트 이상이 사라질 때 대멸종에 해당한다. 사실 지질시대도 이 같은 대멸종에 따른 생물종 교체를 기준으로 정해지는 경우가 많다. 다만 여기서 말하는 짧은 시간은 지질학적 관점에서의 표현이지 개인이 체감 가능한 수준의 짧음을 의미하지는 않는다.

다섯 번의 대멸종과 생태계 충격

●

지구상에서 벌어진 첫번째 대멸종은 오르도비스기에서 실루리아기로 넘어가는 4억4000만~4억5000만 년 전에 있었다. 이때 지구에 살고 있던 생물 과(科)의 27퍼센트, 속(屬)의 57퍼센트가 대멸종의 비극을 맞았다. 학계에서는 지구의 급속한 한랭화를 그 원인으로 지목한다.

두번째 대멸종은 후기 데본기에 해당하는 3억6000만~3억7500만 년 전의 프라스니안기와 파메니안기 사이에 벌어졌다. 이 대멸종은 석탄기에 이를 때까지 2000만 년 동안이나 계속됐으며 생물 과의 19퍼센트, 속의 50퍼센트가 자취를 감췄다. 이 멸종의 원인도 지구의 기후 변화로 파악된다.

세번째 대멸종의 경우 2억5100만 년 전 페름기에서 트라이아스기로

다섯번째 대멸종 때 멸종한 것으로 보이는 공룡

접어드는 시점에 발생했다. 5차례의 대멸종 중 가장 강력한 생물종 파괴가 나타났는데 해양생물만 놓고 보면 과로는 53퍼센트, 속으로는 84퍼센트, 종으로는 무려 96퍼센트가 멸종돼버렸다. 육상에서도 식물, 곤충, 척추동물을 더해 과의 57퍼센트, 속의 83퍼센트, 종의 70퍼센트가 사라졌다. 지구 역사에서 이 멸종은 큰 의미를 갖는다. 당시 지구를 지배했던 파충류가 자취를 감추면서 척추동물이 다시 세력을 회복할 때까지 장장 3000만 년이라는 시간이 필요했다. 또한 이로 인해 조룡이 등장하면서 진화를 거쳐 공룡시대를 열어젖힌 단초가 됐다. 최근의 연구에 의하면 이 엄청난 멸종의 원인도 공룡의 멸종 원인과 같은 유성충돌일 가능성이 높다고 한다.

네번째 대멸종은 2억500만 년 전 트라이아스기에서 쥐라기로 이행되는 시점에 있었다. 해양생물의 과 20퍼센트, 속 55퍼센트가 멸종했으며 공룡의 조상인 조룡의 대부분을 비롯해 수궁류의 대부분, 그리고 그동안 대멸종을 이겨내고 살아남았던 대형 양서류 전부가 종적을 감췄다. 네번째 대멸종의 원인은 아직까지 확실하게 지목된 것이 없는 상태다.

마지막 다섯번째 대멸종은 6500만 년 전 백악기에서 신생대 제3기로 넘어가는 시기에 있었다. 생물 과의 15퍼센트, 속의 50퍼센트가 멸종했고 공룡시대가 마침표를 찍으면서 포유류 및 조류가 육상을 지배하는 새로운 척추동물로 등극하게 되었다. 이 멸종의 원인으로는 지름 10킬로미터의 거대 운석이 유카탄 반도 인근에 충돌했기 때문이라는 게 정설로 인정받고 있다. 하지만 최근에는 인도의 데칸 용암대지를 만들어낸 일련의 대규모 화산활동을 원인으로 꼽는 시각도 있다. 과도한 화산활동이 생물들의 생활여건을 크게 바꿔놓음으로써 새로운 환경에 적응치 못한 육상과 해상생물들이 멸종했다는 주장이다.

6번째 대멸종이 진행되고 있다

●

2011년 3월 《네이처》에 6번째 대멸종을 거론한 논문의 주저자인 안토니
바르노스키 Anthony Barnosky 교수는 캘리포니아대학 버클리캠퍼스의 통합
생물학 교수이며 이 대학 고생물학박물관의 큐레이터이자 척추동물학박
물관의 고생물학 연구자이기도 하다. 그는 논문을 통해 심각한 멸종 위
기종 포유동물, 즉 앞으로 3대 내에 멸종할 확률이 50퍼센트가 넘는 종
의 경우에 국한하더라도 이들이 향후 1000년을 넘기지 못하고 멸종될
것이라고 밝혔다. 그리고 분명 정상적 상태가 아닌 이러한 현상이 6번째
대멸종 시작의 징후라고 강조했다. 특히 그는 현재의 심각한 멸종 위기
종, 멸종 취약종들이 모두 멸종되어 지금의 멸종 속도가 계속된다면 적
어도 300~2200년 내에 6번째 대멸종이 올 수 있다고 주장했다.

하지만 바르노스키 교수 연구팀은 과도한 패닉에 빠질 필요까지는 없
다고 말한다. 현재까지 전체 생물종 중 단 1~2퍼센트만이 멸종된 상태
이므로 아직은 대비할 시간이 충분하다는 것이다. 그가 제시한 대비 방
법은 서식지 파괴, 외래종 유입, 질병, 환경오염, 지구온난화 등 생물의
멸종을 촉진하는 주요 요인의 제거다. 이와 관련하여 바르노스키 교수는
인류가 지구상에 대멸종이라는 비극을 초래하는 원흉이 되고 싶지 않다
면 생물 보호를 위한 자원 투입은 물론 제도적 기반 마련에도 힘을 기울
여야 한다고 일침을 가했다.

논문의 공동저자인 찰스 마셜 Charles Marshall 교수도 "지난 다섯 차례의
대멸종과 비교하면 현 멸종 숫자는 비교적 적게 보일 수 있지만 결코 안
심해서는 안 된다."고 경고했다. 숫자와 달리 멸종 속도는 과거의 대멸
종에 비해 너무나 빠르다는 이유에서다. 바르노스키 교수팀에 연구자금

을 지원하는 미국 국립과학재
단NSF의 지구과학부 리처드
레인H. Richard Lane 부장의 경우
에도 인간 활동과 지구온난화
를 6번째 대멸종의 원인으로
지목하고 있다. 논문에서도 밝
혔듯이 이 두 요인이 전례 없

6번째 대멸종을 제기한 안토니 바르노스키 교수

는 수준의 돌이키기 힘든 피해를 환경에 미치고 있다고 그는 역설한다.

바르노스키 연구의 방법론

●

바르노스키 교수의 논문은 지난 2009년 그가 주최한 대학원 세미나가
연구의 시발점이 됐다. 이 세미나를 통해 바르노스키 교수는 생물학자,
고생물학자들과 함께 현재의 생물종 멸종 속도와 화석 자료에서 찾을 수
있는 과거의 멸종 속도를 비교하고자 했다. 그의 표현을 빌리면 이는 마
치 오렌지와 사과를 비교하는 것과 같은 어려운 작업이었다. 화석 자료
는 약 35억 년간 축적되어 온 데 반해 역사적 자료 축적은 불과 수천 년
정도에 지나지 않기 때문이다. 게다가 화석 자료는 빈틈이 많고 정확한
연대 측정마저 어렵다. 그래서 그들은 대멸종의 속도를 파악하는 데 있
어 '단 하나의 속도 값'을 구하려 하지 않고 과거 화석 자료로 유추할 수
있는 합리적이고 타당한 멸종 속도 범위를 알아내 현재와 비교하는 방법
을 택했다.

구체적으로 바르노스키 교수 연구팀은 포유동물의 화석자료만을 연구
대상으로 삼았다. 다른 동물들에 비해 상대적으로 포유동물에 대한 연구

가 잘 이뤄져 있고 6500만 년 전부터 현재까지의 화석 자료도 많이 남아 있다는 판단에서였다. 연구팀의 생물학자들은 지난 500년간 총 5570종의 포유동물 중 최소한 80종이 멸종했다고 추산했다. 그런데 화석 자료에 근거한 과거의 멸종 속도는 100만 년당 평균 2종이 채 되지 않았다. 바꿔 말하면 지난 500년간 멸종한 포유동물 종의 숫자가 그 이전 4000만 년 동안 멸종한 포유동물 종보다 많다는 얘기다.

바르노스키 교수는 대멸종의 기준을 아무리 엄격하게 잡더라도 현대의 멸종 속도는 이미 대멸종 당시의 속도를 따라잡았다고 결론 내렸다. 물론 그 또한 이것이 앞서 언급했던 것처럼 화석 자료 자체에 일정 부분 공백이 있으며 과거에 존재했던 엄청난 수의 생물종 중에서 매우 제한된 생물종 화석만을 관찰해 얻은 결론이라는 점을 인정한다. 그러나 그는 대멸종에 대한 과거의 관련 연구 역시 자신과 동일한 방법론과 한계를 지니고 있었음을 지적한다.

주지하다시피 연구팀도 아직은 지구의 생물학적 다양성이 비교적 좋은 상태를 유지하고 있다고 진단했다. 따라서 심각한 멸종 위기종, 멸종 취약종들이 멸종되지 않도록 관리하는 것이 인류에게 주어진 무엇보다도 중요한 과제이다. 우리가 이런 심각성을 인식하지 못하고 상황 개선을 하지 않아 이 종들이 1000년 이상 더 생존하지 못한다면 6번째 대멸종의 도래는 기정사실화된다는 것이다.

바르노스키 교수의 연구 이전에도 생물학계에서는 지구가 지난 5번의 대멸종에 버금갈 만한 대규모 멸종 위기에 직면했다는 사실에 이의를 제기하지 않는 분위기가 팽배해 있었다. 1993년 당시 하버드대학의 생물학자였던 에드워드 윌슨Edward Wilson 박사는 세계에서 매년 3만 종에 달하는 동식물종이 사라져가고 있다고 주장했다. 1시간에 3종 꼴로 멸종이 진행되고 있다는 얘기였다. 또 다른 생물학자들은 생물종 멸종 속도가 윌슨 박사의 판단보다 더 빠르고 심각하다고 보기도 한다.

특히 지난 5차례의 대멸종과 예고되어 있는 6번째 대멸종에는 한 가지 큰 차이가 있다. 지구상에 존재하는 수많은 생물종 중 단 한 종, 바로 인간에 의해 유발되는 대멸종이라는 점이다. 향후 대멸종이 현실화된다면 이는 소행성 충돌이나 화산폭발 같은 물리적 요인이 아니라 생물학적 요인에 의해 일어나는 최초의 대멸종으로 기록될 것이 확실하다.

인간은 만악의 근원?

●

인간에 의한 6번째 대멸종이 진행 중이라고 보는 학자들은 이를 2단계로 구분하기도 한다. 제1기는 놀랍게도 현대인이 세계 곳곳에 퍼져 살기 시작한 10만 년 전에 벌써 일어났고, 제2기는 농업혁명이 이루어진 1만 년 전에 이미 시작됐다는 분석이다.

이들의 주장은 이렇다. 원래 아프리카에 살던 인간이 중동, 유럽 등 세계 각지로 흩어져 살기 시작했다. 그런데 인간은 천성적으로 자신이 필요한 것 이상으로 남획하기를 좋아했다. 이에 더해 인간의 이동과 함께 인체에 묻은 각종 세균들도 세계 각지로 전파되면서 현지의 생태환경이 무너져 무수한 생물종이 멸종됐다는 것이다. 실제로 이를 뒷받침하는 증거들이 화석자료로 남아 있다. 북아프리카, 카리브해, 오스트레일리아 등지에서는 인간이 유입되자마자 대형 동물의 상당수가 단기간에 사라지는 현상이 발생했다.

하지만 인간이 유발하는 대멸종 이론의 추종자들은 생물의 멸종에 더욱 큰, 아니 35억 년 생명의 역사에 가장 큰 폐해를 끼친 사건으로 제2기인 1만 년 전의 농업혁명을 꼽는다. 그 이유가 뭘까? 농업혁명 덕분에 인간은 더 이상 생존을 위해 다른 종과 상호작용할 필요가 없게 됐으며, 아예 다른 종들을 자신의 이익을 위해 가축이라는 이름으로 통제할 수 있게 됐다. 또한 잉여농산물이 발생하면서 생존을 위해 자연 생태계에 의존하는 비중이 낮아져 인구가 대폭 증가하는 계기로 작용했다. 즉 농업을 통해 인간은 지구상의 생물종 중 유일무이하게 생태계와 먹이사슬에서 독립하게 되었다. 정확히 말해 지금껏 그렇게 됐다고 믿었다.

더구나 인간의 농업활동은 필연적으로 생태계에 악영향을 미칠 수밖에 없었다. 농업에 적당한 토지를 발견하면 인간 생활에 필요한 한두 종의 작물을 심고는 나머지 자생 동식물들은 강제로 제거해버렸기 때문이다. 인간에게 이들은 농사를 망치는 잡초나 유해 조수(鳥獸)일 뿐이었다. 당연히 이러한 조치는 해당 지역의 생태계와 생물학적 다양성 파괴로 이어졌다. 게다가 농업혁명에 의해 폭증한 인구수만큼 인류는 더 많은 서식지가 필요했고 이를 확보하는 방법은 기존에 동식물들이 살고 있던 공간을 빼앗아오는 것밖에 없었다. 이는 다시 인구 증가로 이어져 더 많은 생태계를 파괴하는 악순환의 고리가 형성됐다.

지금으로부터 1만 년 전 세계 인구는 100만~1000만 명에 불과했던 것으로 추산된다. 하지만 현재 세계 인구는 70억 명에 달한다. 60억 명에서 70억 명이 되는 데 걸린 시간은 역사상 가장 빠른 11년이었다. 오는 2025년경 80억 명이 될 것이며 2050년에 이르면 90억 명을 돌파할 것으로 관측된다. 과학자들은 지구가 감당할 수 있는 인구의 한계를 130~150억 명으로 본다.

대멸종을 막는 방법

●

이렇게 크게 늘어난 인구와 토지의 불공정한 분배 및 사용이야말로 인간
의 활동 이면에 숨은 6번째 대멸종의 진짜 원인일지도 모른다. 이토록
많은 인구를 먹여 살리려면 좀 더 많은 땅을 개간하고 더 효율적인 생산
기술을 개발해야 하는데 이 과정에서 서식지 파괴와 지구 자원 소모가
더욱 늘어나 동식물 멸종으로 이어질 것이 자명한 탓이다.

현재 전 세계 과학자들이 온갖 첨단과학기술의 힘을 빌려 빌딩형 농장
등 환경파괴를 최소화한 작물 증산 방법을 개발하고 있지만 벌써부터 식
량난 위기감이 가중되고 있는 것을 보면 아직은 주목할 만한 효과를 발
휘하지는 못하는 것으로 여겨진다.

어떤 이유에서든 6번째 대멸종이 일어난다면 그 결과는 명확하다. 인

행성충돌, 대규모 화산활동, 급격한 기후변화 등이 지구 대멸종의 원인으로 제기되고 있다.

간이라고 해서 멸종 리스트에서 제외되리라는 보장은 어디에도 없다. 대멸종 유발자라는 주홍글씨에 대한 자책감은 차치하고라도 말이다.

과거 대멸종 사례에서 보면 생태계에 대재앙이 일어날 경우 먹이사슬의 상위그룹에 속한 동물일수록 오히려 대응에 취약한 모습을 보였다. 오히려 몸집이 작아서 에너지 소비가 적은 생물들이 훨씬 강력한 생존력을 발휘했다. 일례로 공룡들이 뼈만 남긴 채 역사의 뒤안길로 사라지는 동안 동시대에 살았던 바퀴벌레는 무려 3억 년 이상 멸종 위기를 극복하고 지금까지 활발한 생명활동을 벌이고 있다. 이와 관련하여 생태계적 측면에서 보면 먹이사슬 상위그룹의 포식자보다는 하위그룹의 멸종이 가져오는 파괴력이 심대하다. 자주 멸종 얘기가 나오고 있는 개구리, 꿀벌만 해도 이들의 멸종은 여러 동식물종의 동반멸종을 초래하게 되어 그 피해가 궁극적으로 생태계 전반에 미치게 된다.

현재 지구촌의 생태계는 위기상황이다. 그리고 이 위기의 주범은 세계 구석구석을 헤집고 다닌 인간이다. 작금의 적신호를 좌시하지 않고 자연을 보전하고 지속가능한 성장을 꾀하며 무엇보다 지구 자원과 인구수를 적정 수준으로 유지하는 노력을 기울일 때 우리는 대멸종과 같은 파국적 사태를 피할 수 있을 것이다.

물론 지구상에 존재했던 생명들은 놀랍도록 강했다. 다섯 번의 대멸종 속에서도 살아남아 다시금 지구 전체를 생명력으로 가득 채웠다. 다만 이는 대멸종의 원인이 제거된 이후의 일이었음을 주지할 필요가 있다. 6번째 대멸종에서 인간이 살아남는다면 지구는 다시 회생하지 못할 개연성을 배제할 수 없다.

이러한 상황을 만드는 것보다는 지금이라도 지구 생태계에 부합하도록 우리 자신을 고쳐나가는 것이 바람직할 것이다. 세번째 대멸종에서는 전 세계 생물종 중 살아남은 것이 단 5퍼센트도 되지 않았다. 우리가 바꾸지 않으면 다음 대멸종의 희생양은 우리 자신이 될 수 있음을 잊지 말아야 한다.

시크릿 사이언스

초판 찍은날 2012년 11월 15일   초판 펴낸날 2012년 11월 22일

지은이 박철진

펴낸이 김현중
편집장 옥두석 | 책임편집 이선미 | 디자인 권수진 | 관리 위영희

펴낸곳 (주)양문 | 주소 (132-728) 서울시 도봉구 창동 338 신원리베르텔 902
전화 02.742-2563~2565 | 팩스 02.742-2566 | 이메일 ymbook@empal.com
출판등록 1996년 8월 17일(제1-1975호)

ISBN 978-89-94025-23-0 03400